CRB600H 高延性高强钢筋应用技术 170 问

高连玉　徐春一　张京街　编著

中国建材工业出版社

图书在版编目（CIP）数据

CRB600H高延性高强钢筋应用技术170问／高连玉，徐春一，张京街编著．--北京：中国建材工业出版社，2017.2

ISBN 978-7-5160-1759-3

Ⅰ.①C… Ⅱ.①高… ②徐… ③张… Ⅲ.①延性—高强度—钢筋—问题解答 Ⅳ.①TU755.3－44

中国版本图书馆CIP数据核字（2017）第015204号

内 容 提 要

本书通过对近些年新研发出来的高延性高强带肋钢筋——CRB600H钢筋在应用推广中遇到的有关技术难题给予解答，为设计、施工技术人员以及科研工作者对CRB600H钢筋的施工应用技术和科学研究提供了方便之门。本书从钢筋材料、结构设计及施工与验收等方面对高强钢筋族的新成员——CRB600H高延性高强钢筋的轧制工艺特点、性能优势及应用技术进行了论述，并进行一定的技术经济分析，以期达到将高强钢筋研发最新成果与诸位同仁共享的目的，为CRB600H高延性高强钢筋的工程应用提供理论依据。

本书可供从事CRB600H高延性高强钢筋生产人员、施工技术人员、工程设计人员以及高校和研究院的科研人员参考使用。

CRB600H高延性高强钢筋应用技术170问

高连玉　徐春一　张京街　编著

出版发行：中国建材工业出版社

地　　址：北京市海淀区三里河路1号

邮　　编：100044

经　　销：全国各地新华书店

印　　刷：北京雁林吉兆印刷有限公司

开　　本：710mm×1000mm　1/16

印　　张：6.5

字　　数：100千字

版　　次：2017年2月第1版

印　　次：2017年2月第1次

定　　价：58.00元

本社网址：www.jccbs.com　　微信公众号：zgjcgycbs

本书如出现印装质量问题，由我社市场营销部负责调换。联系电话：(010)88386906

前　言

为贯彻国家节能环保及发展绿色建材的技术经济政策及推动产业结构调整，在建筑结构中有效地推广应用高强钢筋并做到安全适用、质量可靠、技术先进、经济合理。

本书所指钢筋为近年来企业通过不断自主创新，新研发出来的高延性高强带肋钢筋——CRB600H。该钢筋在传统的生产工艺中增加了回火热处理过程，使得强度大幅提高的同时又有了明显的屈服点，钢筋直径规格为5～12mm，外形与细直径热轧带肋钢筋相似。钢筋抗拉强度标准值为600MPa；屈服强度标准值R_{el}=540MPa；断后伸长率$A_{5.65}$≥14%；最大力下总伸长率A_{gt}≥5%，达到了高强度高延性钢筋的要求。将其用作混凝土构件中，既可减少钢筋用量，又可降低工程造价，还能方便施工，社会效益和经济效益均十分显著。

CRB600H高延性高强钢筋的主要生产原材料是Q235的普通碳素钢，该生产工艺在不添加任何微合金元素的情况下，使Ⅰ级钢经过冷加工而升级为Ⅳ级钢，增加了高强钢筋的品种，也为Ⅰ级钢产品升级找到了出路。

这种采用冷轧与在线热处理集成技术生产CRB600H高延性高强钢筋被权威专家评价为国内首创，总体达到了国际先进水平，其中单线轧制速度达到国际领先水平。该项技术符合国家推广高强钢筋的产业政策，丰富了钢材品种，节省工程用钢量，经济效益和社会效益显著，应用前景非常广泛，是一项值得推广的创新技术与产品。住房城乡建设部已将其列为2012年全国建设行业科技成果推广项目，科技部也已将此类钢筋生产装备列为国家火炬计划。这种钢筋已经在各类工业与民用建筑、铁路、交通、市政、农业建设领域得到大量推广与应用，收到了很好的经济、社会及环境效益。中央电视台在2015年6月28日的“新闻联播”栏目以头条新闻方式向世界发布了安阳市合力高速冷轧有限公司通过企业自主创新、产品升级换代，生产CRB600H高延性高强钢筋并达到了世界领先水平的消息。

基于以上诸多因素，CRB600H高延性高强钢筋已经越来越引起工程界的高度关注，笔者经常接到有关这种新型钢筋材料性能及应用技术的询问。为了让广大同仁深刻了解与CRB600H高延性高强钢筋应用推广有关的技术细节，回答以往所曾遇到的一些疑义，我们决定撰写此书，以应用技术问答的方式面对读者，我们觉得这是我们的责任，也是科技工作者面对“四新”技术推广的担当。

本书从钢筋材料、结构设计及施工等方面对高强钢筋族的新成员——CRB600H高延性高强钢筋的轧制工艺特点、性能优势及应用技术进行了论述，并进行一定的技术经济分析，以期达到将高强钢筋研发最新成果与诸位同仁共享的目的，为CRB600H高延性高强钢筋的工程应用提供理论依据。

在此要感谢在本书编著过程中给予作者大力支持的中国建筑东北设计研究院有限公司副总工程师黄堃教授和沈阳建筑大学赵成文教授，他们作为中国工程建设协会标准《CRB600H高延性高强钢筋应用技术规程》的主编、主审，为本书提供了CRB600H高延性高强钢筋应用技术的系统试验研究报告及有关背景素材，对编写内容、编写深度给予了很好的建议；感谢安阳市合力高速冷轧有限公司翟文董事长为本书提供了有关生产、装备、能耗及相关政策文件汇编等资料，也为本书编制过程中遇到的诸多生产技术难题给予了专业性解答，并结合企业发展和产品研发过程中积累的经验，为本书的编著提出了许多宝贵建议；还要感谢沈阳建筑大学余希、李胜东、逯彪、苑永胜等研究生对本书编著工作的积极参与。

本书编著的目的意在起到抛砖引玉的作用，为CRB600H高延性高强钢筋能够得到较好的发展和应用提供科学依据，为国家的经济建设做出贡献。限于时间及作者水平有限，书中难免有不妥之处，恳请有关专家和广大读者批评指正。

作者

2017年1月

中国建材工业出版社
China Building Materials Press

目　录

第一章　材料篇

第二章　应用篇

第一章 材 料 篇

1 高强钢筋的定义是什么？

答：一般地讲，高强钢筋是指现行国家标准中规定的屈服强度为400MPa和500MPa级的普通热轧带肋钢筋（HRB）和细晶粒热轧带肋钢筋（HRBF）。近年来通过行业自主创新而研发出来的极限抗拉强度标准值为600MPa、屈服强度标准值为540MPa的CRB600H钢筋已经归类为高强钢筋范畴，目前CRB600H钢筋已得到推广应用。

2 高强钢筋都包括哪些？

答：为落实国务院关于节能减排的工作部署，住房和城乡建设部、工业和信息化部联合出台《关于加快应用高强钢筋的指导意见》，要求在建筑工程中加速淘汰335兆帕级钢筋，优先使用400兆帕级钢筋，积极推广500兆帕级钢筋。

高强钢筋的常见种类如下：

（1）微合金热轧带肋钢筋（hot rolled ribbed bars of alloy）

是通过添加钒（V）、铌（NB）等合金元素提高屈服强度和极限强度的热轧带肋钢筋。

通过添加钒（V）、铌（NB）等合金元素，可以显著提高钢筋的屈服强度和极限强度，同时延性和施工适应性能较好。其牌号为HRB，如标注为HRB400、HRB500的高强钢筋，就分别代表微合金化的屈服强度标准值为400MPa级、500MPa级的热轧带肋钢筋。

总结：

① 由于要增加微合金，原料成本较高，国内钒（V）、铌（NB）等合金元素储量不足，后期要依靠进口。

② 二次回炉成本高，由于加入了合金元素，回炉后，钢水中含有大量合金，当前钢水分离合金技术不成熟，分离成本高，使得二次使用成本变高，技术难度加大。

（2）高延性冷轧带肋钢筋（cold-rolled ribbed steel wires and bars with improved elongation）

是热轧圆盘条经冷轧成型及回火热处理获得的具有较高延性的冷轧带肋钢筋。

CRB600H 高延性高强钢筋，是国内近年来研制开发的新型高强带肋钢筋，其生产工艺增加了回火热处理过程，有明显的屈服点，强度和伸长率指标均有显著提高，列入了国家行业标准《冷轧带肋钢筋混凝土结构技术规程》（JGJ 95—2011）中。CRB600H 高延性冷轧带肋钢筋抗拉强度标准值为 600MPa，屈服强度标准值为 540MPa，抗拉强度设计值为 430MPa，最大力下总伸长率（均匀伸长率）≥5%。

总结：

可加工性能良好，而价格却较低，用作板类构件的受力钢筋和分布钢筋以及梁、柱中的箍筋构造钢筋，既可减少钢筋用量，又可降低造价，社会效益和经济效益均十分明显，尤其是小直径的特点更是其应用的突出优势，这一点恰恰可以解决其他种类高强钢筋不生产细直径产品的难题，目前这种钢筋在建筑上的应用已经列入了我国行业标准及一些地方标准中。2012 年住房城乡建设部开始推广，起步较晚，各地产能有待增加。

（3）余热处理钢筋（quenching and self-tempering ribbed bars for the reinforcement of concrete）

是热轧后利用热原理进行表面控制冷却，并利用芯部余热自身完成回火处理所得到的成品钢筋。余热处理钢筋的牌号为 RRB，如标注为 RRB400 的高强钢筋，就代表余热处理的屈服强度标准值为 400MPa 级的热轧带肋钢筋。

总结：

只需在轧钢最后过程中以淬火方式进行热处理，其成本最低，强度能达到高强钢筋的要求，但延性、可焊性及施工适应性相对较差。

（4）细晶粒热轧带肋钢筋（hot rolled ribbed bars of fine grains）

是通过轧钢时进行淬火处理并利用芯部的余热对钢筋的表层实现回火，以提高强度、避免脆性的热轧带肋钢筋。在热轧过程中，通过控轧和控冷工艺形成的细晶粒钢筋，其金相组织主要是铁素体加珠光体，不得有影响使用性能的其他组织存在，晶粒度不粗于 9 级。

轧钢时采用特殊的控轧和控冷工艺，使钢筋金相组织的晶粒细化、强度提高。该工艺既能提高强度又保持了较好的延性，达到了混凝土结构中使用高强钢筋的要求。细晶粒钢筋的牌号为 HRBF，如标注为 HRBF400、HRBF500 的高强钢筋，就代表细晶粒化的屈服强度标准值为 400MPa 级、500MPa 级的热轧带肋钢筋。

总结：

需要较大的设备投入与较高的工艺要求，钢筋的强度指数与延性性能都能满足要求，可焊性一般。

（5）牌号带后缀“E”的热轧带肋钢筋（hot rolled ribbed bars with suffix “E” for mark of bars）

是有较高抗震性能的热轧带肋钢筋，如 HRB400E、HRB500E、HRBF400E 和 HRBF500E 等。其抗拉强度实测值与屈服强度实测值的比值不应小于 1.25，屈服强度实测值与屈服强度标准值的比值不应大于 1.3，且钢筋在最大力下的总伸长率（均匀伸长率）实测值不应小于9%。

3　国家为什么大力推广应用高强钢筋?

答：高强钢筋具有强度高、综合性能优的特点，用高强钢筋替代目前大量使用的335兆帕级螺纹钢筋，平均可节约钢材12%以上。按照当前我国工程建设规模，如果将高强钢筋应用比例从目前的35%提高到65%，每年大约可节省钢筋1000万吨，相应减少1600万吨铁矿石、600万吨标准煤、4100万吨新水的消耗，同时减排2000万吨二氧化碳、2000万吨污水和1500万千克粉尘。高强钢筋作为节材节能环保产品，在建筑工程中大力推广应用，是加快转变经济发展方式的有效途径，是建设资源节约型、环境友好型社会的重要举措，对推动钢铁工业和建筑业结构调整、转型升级具有重大意义。

4　CRB600H高延性高强钢筋的定义是什么?

答：CRB600H高延性高强钢筋是热轧低碳盘条经缩颈、轧肋、回火热处理后，极限强度标准值为600MPa，屈服强度标准值$f_{yk}=540$MPa，断后伸长率$\delta_5\geqslant14\%$，最大力总延伸率$\delta_{gt}\geqslant5\%$，且直径不大于12mm的钢筋。

5　为什么应当将CRB600H钢筋从传统的冷轧带肋钢筋中游离出来，而成为高强钢筋族的新成员?

答：现行冶金行业标准《高延性冷轧带肋钢筋》(YB/T 4206—2011)规范了这种钢筋的性能指标，鉴于该种钢筋有冷轧工艺过程，而被编入了新修订的国家标准《冷轧带肋钢筋》(GB 13788)中。笔者认为这种命名及归类是欠妥当的，因命名中有“冷轧”二字，很容易使人们联想起传统冷轧带肋钢筋延性差、易锈蚀的弱点，工程上往往不愿采用，会使人们将这种性能优越的钢筋误认为是传统的冷轧带肋钢筋。再加上国家技术导向及相关设计标准均明令指出应大力推广应用热轧钢筋的事实，从而在推广应用中有一定的障碍（已有多部国家及行业标准明令指出非热轧钢筋不许采用），在此呼吁相关标准的编制者广纳技术前沿信息，及时将新近研发问世、成熟可靠的新材料、新技术、新工艺编入标准当中，这是标准工作者的责任和担当。

之所以说将其归类于“冷轧带肋钢筋”的命名欠妥，是因为这种钢筋采用了500℃以上的再结晶热处理工艺，在获得高强度的同时延性又大幅度提高，具有较为明显的屈服平台，已经全然不是传统冷轧带肋钢筋的特征。将这种有着热加工过程的钢筋单纯地命名为“冷轧”，显然不够全面。再者，工艺中钢筋又在450～480℃条件下进行了中频在线回火热处理，因此应当尽早将其从冷轧带肋钢筋中游离出来而成为让广大设计、施工人员放心的高强钢筋族的新成员。

6　CRB600H钢筋良好性能的形成原理是什么？

答：通过高速、强力轧制，使Q235钢筋产生相当大的变形，在高速大变形的过程中，钢筋内部的珠光体和铁素体产生了变化。随着变形量的增加，晶粒发生破碎，沿轧制方向被拉长，晶粒由多边形逐步变为长条形、扁平形、纤维状；便会出现相互平行的滑移带和滑移线，产生许多鱼鳞状的亚晶粒。再结晶退火过程中，随着变形储能的释放，晶粒组织发生回复和再结晶。回复过程通过晶粒内部点或缺陷的重新排布，而使具有缺陷的显微结构得以修复和完整化，同时发生再结晶形核和晶核的长大（图1-1）。冷轧变形量越大，晶粒破碎的程度越大，退火后，产生的形核数量就越多，晶粒直径达到7μm左右，晶粒度不粗于9级，从而使钢筋的屈服强度、抗拉强度、延伸性能得到了极大的提高。

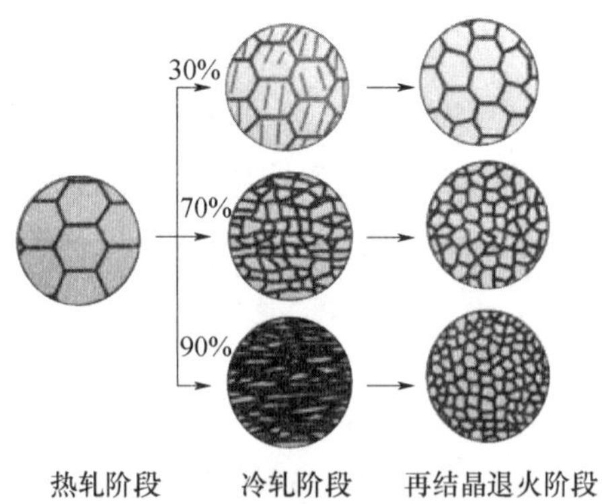

图 1-1　钢晶粒组织变化示意图

7　CRB600H 钢筋盘螺生产工艺过程是什么？

答：CRB600H 钢筋生产线工艺流程包括除磷、冷轧、热处理、飞剪、自动翻转、气动打包等装置。新一代生产线布局合理、运行稳定，能够将整条生产线实现自动化、连续化、高速化作业，生产出的 CRB600H 高延性冷轧带肋钢筋的延伸率大大提高。生产线根据其生产能力不同，可分为单机年产能 2 万吨的小型设备、单机年产能 5 万吨的中型设备和单机年产能 10 万吨以上的大型设备。此外，合力公司还对低温吐丝装置、集卷工艺装置和生产制造物流管理系统等，进行了大胆的创新、改造、优化和提升，从而实现了高速生产线的稳定运行。具体工艺流程图如图 1-2 所示。

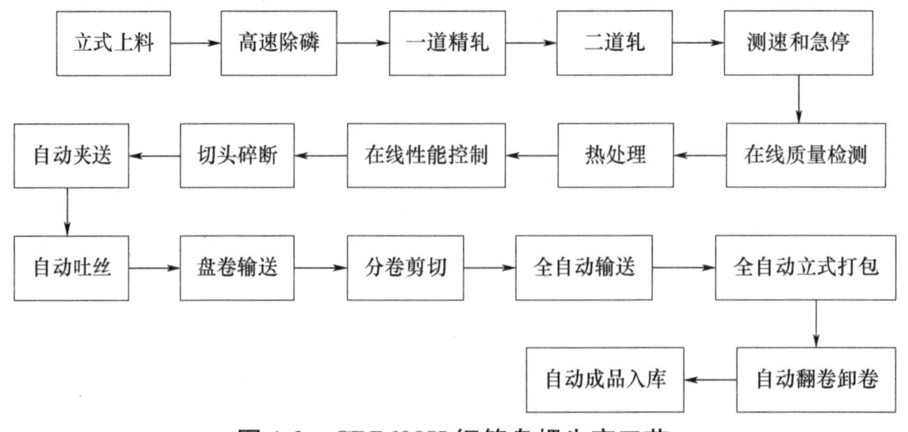

图 1-2　CRB600H 钢筋盘螺生产工艺

8　CRB600H 钢筋生产过程的创新点在哪里?

答：该种钢筋的生产汇集了多个创新点。其中重中之重的是自动上料，要使原料在 1000m/min 高速轧制速度下有效避免乱料、断料造成的停车现象确非易事。企业几易设计方案，最后采用盘圆立式叠放方式，经对焊实现高速不间断上料和自动上料穿丝，并具备氧化铁皮除磷及防尘功能。二是采用冷轧悬臂式顶交 45°无扭轧机。这是当今轧制工艺的前沿技术，通过轧前焊接、集卷后切断以及轧制中的动态改变规则，实现了连续化无扭无头轧制。该设计合理，结构紧凑，运行稳定，易于换辊，轧制精度高、速度快，实现了装备的高速高效作业。三是采用了先进的在线热处理技术。在线热处理是冷轧产品质量控制的重要工序，它利用不同的加热速度、加热温度和保温时间，改善钢筋的机械性能，得到强度、延性、塑性较好的钢材，在建筑工程中可实现减量化用钢。四是采用多项自动控制技术。轧制过程的高精度成型，离不开现代化的自动控制技术。生产线通过利用仪表检测技术、基础自动化技术、变频传动技术、自动化网络技术，实现了生产线的自动控制和在线质量检测、在线性能控制，大大提高了生产效率和产品质量。据企业最近送检的 6 件试样检验结果，不仅 9 项试样力学性能指标全部达标，而且反映钢筋性能的屈服强度、强屈比和最大力下均匀伸长率 3 个最基本的指标，都超过了现行行业标准和国家标准。

9　由于 CRB600H 钢筋是利用热轧 Q235 盘螺钢筋又经过了冷轧、回火再处理过程，其综合耗能还具有优势吗?

答：CRB600H 钢筋生产线的生产技术单位产品能耗指标为 125kW・h/t，单位产品能耗指标是 16.6kgce/t。其中，热处理工序是关键环节，也是工艺过程的主要耗能设备，占总能耗比重超过一半。而本生产线工艺采用了国内先进的节能、节电措施。采用大功率高效退火感应加热炉，具有良好的节电效果：一是提升电磁感应效率，提高了感应耦合效率，降低了电耗；二是采用新的控制技术，加热炉电源采用高效线圈、逆变调功等新技术，取得了降低能耗的效果。

10 CRB600H钢筋的生产能耗经过了科学评估吗？其结论如何？

答：生产线已于2015年5月经过国家冶金工业规划研究院的权威评估。评估结论为：CRB600H钢筋盘螺生产技术与传统热轧盘螺生产技术相比，均能实现500MPa级钢筋规模化生产。但作为一种新的500MPa级高强钢筋生产技术，CRB600H钢筋盘螺生产技术具有综合能耗更低的优势。经比较分析可知，CRB600H钢筋盘螺生产技术生产综合能耗比热轧HRB400、HRB500盘螺，8mm成品螺纹钢能耗分别低9.7kgce/t和12.4kgce/t。如CRB600H钢筋全部取代HRB400、HRB500钢筋，则共可以节约182万吨标准煤。

11 CRB600H钢筋与一般传统钢筋对比有何优势？

答：CRB600H钢筋与一般传统钢筋相比具有如下优点：

1）强度高：高延性冷轧带肋钢筋强度是热轧钢筋的1～2倍，强度可以达到600MPa，在设计上可以节省钢筋用量，最高可以节约40%，最少节约15%；

2）延性好：现行国家标准规定最大力下总伸长率≥5%，而实际生产统计，95%的产品均可达到7%以上，是很好的建筑用材；

3）成本低：高延性冷轧带肋钢筋不需要添加钒、钛、铌等稀土资源和微合金资源，且减少消耗煤炭资源，所以产品的售价较HRB400每吨低30元以上，较HRB500每吨低200元以上；

4）握裹力倍增：与混凝土黏结锚固能力提高3～7倍，有非常好的锚固性能；

5）降低现场施工成本：因钢筋强度高、用材直径细、布筋少，解决了建筑结构胖梁胖柱问题，钢筋间距加大，可以在施工现场进行混凝土浇灌作业时提高作业效率50%；

6）减少楼板裂缝：由于CRB600H高强钢筋的刚性好、不易踩弯，有利于保证钢筋状态，在混凝土结构浇筑过程中减少楼板开裂；

7）这种高强钢筋属于5～12mm的细直径钢筋，其应用的优越性更加突出，用途也更加广泛，解决了小直径高强钢筋难加工、不好买的难题；

8）社会效益好：产品全部替代传统钢筋后，可节约钢材、节约合金元素、减少铁矿石消耗、节约标准煤及减少CO_2排放。

12　应用时如何判定CRB600H钢筋的经济性是否优越？

答：应用新的高强钢筋CRB600H的社会效益、环境效益不言而喻，就是对于用户而言，其经济性也是显而易见的，这种小直径钢筋更具有其他高强钢筋不可比拟的优势。笔者认为，算经济账不应仅仅看每吨钢材的销售价格，更要看钢材的性能，尤其要看材料的设计强度，要看花同样的钱买多少设计强度，即要善于计算每吨钢材的价格强度比（￥/f_y/t）。市场调查表明，目前建筑钢材中的钢筋价格大致在2500元/t左右（HRB400钢筋会稍贵一些），暂按2500元/t分别测算冷轧带肋钢筋CRB550、热轧带肋钢筋HRB400钢筋及高延性高强钢筋CRB600H每吨钢材的价格强度比分别是6.26、6.90及5.81。即花同样的钱所购得的钢筋设计强度属CRB600H钢筋最多。

13　建筑用钢筋种类有哪些？

答：建筑用钢筋有如下几种：

（1）热轧钢筋

热轧钢筋是用加热的钢坯轧制而成的。按照外形分为热轧带肋钢筋和热轧光圆钢筋两种。根据其强度的不同，热轧光圆钢筋有HPB235和HPB300两种牌号，热轧带肋钢筋有HRB335、HRB400及HRB500三种牌号。

热轧钢筋有明显的物理流限。随着钢筋级别的提高，钢筋的屈服点和抗拉强度不断增大，但伸长率则不断减小。

（2）冷拉钢筋

冷拉钢筋是将热轧钢筋在常温下拉伸到一定程度后放松形成的钢筋。冷拉钢筋分冷拉Ⅰ级、冷拉Ⅱ级、冷拉Ⅲ级和冷拉Ⅳ级四个级别。

冷拉钢筋仍属“软钢”范畴，有明显的物理流限。

（3）冷轧带肋钢筋

冷轧带肋钢筋是用普通低碳钢筋或低合金钢筋为原材料，经冷拔或冷轧减径后，再在其表面轧成带肋的钢筋。

冷轧带肋钢筋属“硬钢”的范畴，无明显的物理流限。

（4）热处理钢筋

热处理钢筋是热轧、轧后余热处理或经加热、淬火和回火等调质工艺处理的钢筋。它的强度很高，但塑性较差，无明显的物理流限。具有热处理工艺的钢筋品种很多，如余热处理钢筋、高延性冷轧带肋钢筋、预应力混凝土钢棒等。

（5）钢丝

钢丝分高强钢丝、中强钢丝和低强钢丝。高强钢丝分碳素钢丝和刻痕钢丝。中强钢丝是用低合金钢经冷拔而成。低强钢丝是用普通低碳钢经冷拔而成，称为冷拔低碳钢丝。冷拔低碳钢丝按强度分为甲级和乙级两个级别。

（6）钢绞线

钢绞线是将多根直径较细的碳素钢丝用绞盘绞成绳状形成的。其中一根为芯线，六根为绕芯线均匀分布的股线。

14　什么是低碳钢和普通低合金钢？

答：碳素钢根据含碳量的多少可以分为低碳钢、中碳钢、高碳钢三类，它们的含碳量为：

低碳钢：含碳量＜0.25％；

中碳钢：含碳量＝0.25％～0.6％；

高碳钢：含碳量＞0.6％。

碳对钢筋的强度和塑性有很大的影响。通常含碳量越高，钢筋的强度越高，但塑性则减小。

普通低合金钢是指合金元素不大于5％的钢材。

15　如何了解钢筋中各主要元素含量？

答：钢筋中除了含碳（C）元素以外，还可能含有硅（Si）、锰（Mn）、钒（V）、钛（Ti）、铌（N）等主要元素。钢种名称中一般包括能反映钢材所含主要元素的成分及含量多少，例如40Si2Mn表示含碳量为0.4％左右，含硅量为2％左右，含锰量为小于1.5％。

16　钢筋的公称直径、计算面积和理论重量是如何确定的？

混凝土结构设计中，钢筋、钢丝按理论重量（当量线密度）的折算表达公称直径及计算截面面积；钢绞线按外接圆表达公称直径。公称直径、计算截面面积与真正受力的基圆面积存在着不同的对应关系，将很大程度上影响钢筋的受力性能（应力、强度、应变、变形）。

17　常用CRB600H钢筋的公称直径、公称截面面积及理论重量是多少？

答：钢筋的公称直径、公称截面面积及理论重量应符合表1-1的规定。

表 1-1　常用 CRB600H 钢筋的公称直径、公称截面面积及理论重量

公称直径（mm）	公称截面面积（mm^2）	理论重量（kg/m）
5.0	19.63	0.154
6.0	28.30	0.222
6.5	33.20	0.261
8.0	50.30	0.395
10.0	78.50	0.617
12.0	113.10	0.888

18　钢筋常用的直径有哪些?

答：钢筋的直径范围并不表示在此范围内任何的钢筋钢厂都生产。钢厂提供的钢筋直径为 6mm、8mm、10mm、12mm、14mm、16mm、18mm、20mm、22mm、25mm、28mm、32mm、36mm、40mm 和 50mm，而 CRB600H 钢筋的直径则为 6mm、8mm、10mm、12mm 的小直径钢筋，应当讲这正是这种钢筋的优势，工程中的小直径钢筋若采用 CRB600H 钢筋，其应用范围及优越的性价比将是其他类高强钢筋所不能比拟的。

19　CRB600H 钢筋的直径一般是多少?

答：CRB600H 钢筋的直径不大于 12mm（5mm、6mm、8mm、10mm、12mm），这比相同直径的其他高强钢筋有着明显的性价比优势，因为其他品种的高强钢筋较难加工成小直径，即使可以加工，其消耗的成本也会加大，且其延性也将大幅度降低。因此 CRB600H 钢筋尤其适合应用于配置小直径钢筋的混凝土板、墙、PC 构件、配筋砌体等构（配）件并有着其他高强钢筋不可比拟的优势。

20　钢筋和混凝土为什么能一起工作?

答：钢筋和混凝土是两种物理、力学性能很不同的材料，它们

可以相互结合工作的主要原因是：（1）混凝土结硬后，能与钢筋牢固地黏结在一起，相互传递应力。黏结力是这两种性质不同的材料能够共同工作的基础。（2）钢筋的线膨胀系数为 1.2×10^{-5}/℃，混凝土的线膨胀系数为（1.0～1.5）$\times10^{-5}$/℃，两者数值相近。因此，当温度变化时，钢筋与混凝土之间不存在较大的相对变形和温度应力而发生黏结破坏。（3）此外，暴露在大气中的钢筋很容易锈蚀，而包裹在混凝土中的钢筋，只要具有足够的混凝土保护层厚度和裂缝控制，便不会锈蚀。因此，混凝土对钢筋具有良好的保护作用，混凝土结构具有良好的耐久性。

21　什么是钢筋与混凝土的黏结力？黏结力由哪几部分组成？

答：若钢筋和混凝土有相对变形（滑移），就会在杆件和混凝土交界面上产生沿钢筋轴线方向的相互作用力，这种力称为钢筋和混凝土的黏结力。

黏结力主要有：化学胶结力、摩擦力、机械咬合力和钢筋端部的锚固力。各种黏结力在不同的情况下（钢筋的不同截面形式、不同受力阶段和构件部位）发挥各自的作用。

22　如何测定钢筋与混凝土的黏结力？

答：黏结强度通常采用如图 1-3 所示的标准拔出试件来测定。设拔出力为 F，钢筋中的总拉力 $F=\sigma_s\cdot A_s$。则钢筋与混凝土界面上的平均黏结应力 τ 为：

$$\tau=F/(\pi dl) \tag{1-1}$$

试验中可同时量测加荷载端滑移和自由端滑移，由于埋入长度 l 较短，可认为达到最大荷载时，黏结应力沿埋长近乎相等，可用黏结破坏时的最大平均黏结应力代表

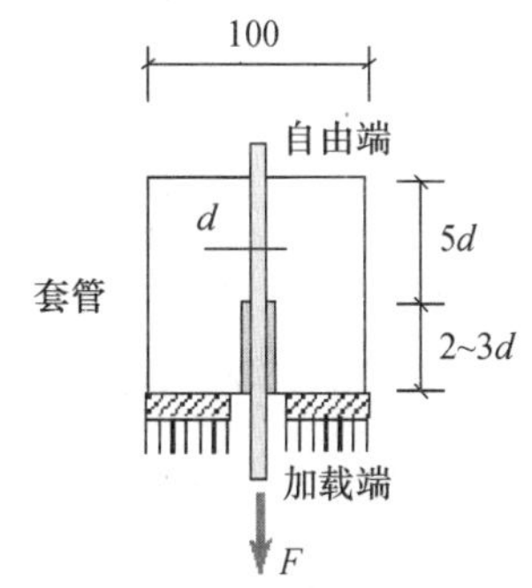

图 1-3　钢筋的拔出试验

钢筋与混凝土的黏结强度 τ_u。

23 钢筋的表面形状有几种?

答：钢筋表面形状的选择取决于钢筋的强度。为了使钢筋的强度能被充分地利用，强度越高的钢筋要求与混凝土黏结的强度越大。提高黏结强度的办法是将钢筋表面轧成有规律的凸出花纹，称为变形钢筋。HPB300 钢筋强度低，表面做成光面即可（图 1-4a）；其余级别的钢筋强度较高，表面均应做成带肋形式，即为变形钢筋。变形钢筋的表面形状，我国长期以来采用螺旋纹和人字纹两种（图 1-4b、c）表面花纹由两条纵肋和螺旋形横肋或人字形横肋组成。鉴于这个形式的横肋较密，消耗于肋纹的钢材较多，且纵肋和横肋相交，容易造成应力集中，对钢筋的动力性能不利，故近年来，我国已将变形钢筋的肋纹改为月牙纹（图 1-4d）。月牙纹钢筋的特点是横肋呈月牙形，与纵肋不相交，且横肋的间距比老式变形钢筋大，故可克服老式钢筋的缺点，而黏结强度降低不多。

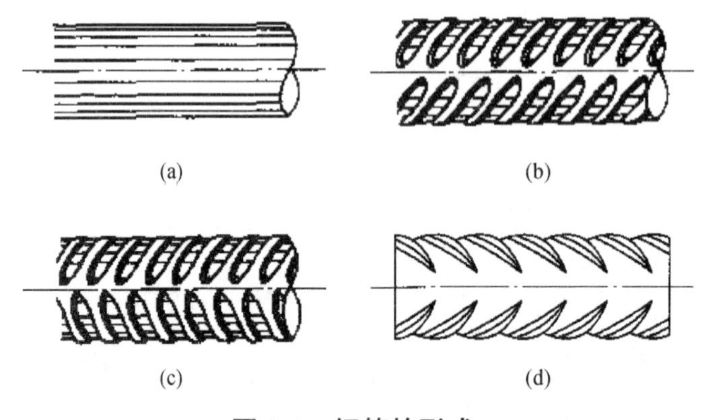

图 1-4 钢筋的形式

24 带肋钢筋与混凝土的黏结锚固性能为什么比光圆钢筋好?

答：带肋钢筋的黏结效果比光圆钢筋好得多，化学胶合力和摩擦力（摩擦力比光圆钢筋的大）仍然存在，机械咬合力是变形钢筋黏结强度的主要来源。CRB600H 钢筋是带有二面肋或三面月牙形肋的钢筋，有着非常好的黏结锚固力。

25 材料的强度等级标准值是根据什么原则确定的？

答：我国《建筑结构可靠度设计统一标准》（GB 50068—2001）规定，材料性能的标准值是结构设计时采用的材料性能的基本代表值。

材料强度的概率分布宜采用正态分布或对数正态分布。材料强度的标准值可取其概率分布的 0.5 分位数确定，即取 $\mu-1.645s$ 的值，保证率为 95％，失效概率为 5％。

当试验数据不足时，材料性能标准值可采用有关标准的规定值，也可结合工程经验，经分析判断确定。

26 钢筋的强度标准值是如何确定的？

答：对于钢筋，强度标准值应符合规定质量的钢筋强度总体分布的 0.05 分位数确定，即保证率不小于 95％。经校核，国家标准规定的钢筋强度绝大多数符合这一要求且偏于安全。为了使结构设计时采用的钢筋强度与国际规定的钢筋出厂检测强度相一致，规范规定，以国际规定的数值作为确定钢筋强度标准值的依据，即：

1）有明显屈服点的热轧钢筋，取国家标准的屈服点作为标准值。国际规定的屈服点即钢厂出厂检验的废品限值。

2）对无明显屈服点的碳素钢丝和钢绞线，取国家标准规定的极限抗拉强度作为标准值，但设计时取 $0.85b$（b 为极限抗拉强度）作为条件屈服点。

27 HPB235 和 Q235、Q235B 都是代表钢筋的级别吗？

答：不是。只有 HPB235 是钢筋的级别，这相当于 89 版《混凝土结构设计规范》以及更早的规范中所说的Ⅰ级钢筋。Q235、

Q235B是钢材的牌号，相当于以前规范中所说的A3钢。其中Q是屈服强度的意思，235表示屈服强度的具体数值，类似的还有345等，B表示等级，类似的还有C、D等。因此，不存在Q235和Q235B级钢筋，只有HPB235级钢筋。

28 HPB235和Q235是什么钢筋的代号？

答：HPB235代表的是热轧光圆钢筋和以前的建筑用低碳钢热轧圆盘条，采用的标准是《钢筋混凝土用钢　第1部分：热轧光圆钢筋》(GB 1499.1)。

Q235只代表钢种，可以是盘条、板状交货。Q235热轧圆盘条采用的标准是《低碳钢热轧圆盘条》(GB/T 701—2008)，可广泛应用于钢铁深加工，如拉丝、螺栓加工等。建筑用热轧光圆钢筋由于技术指标和生产许可证管理等原因遵循《钢筋混凝土用钢　第1部分：热轧光圆钢筋》(GB 1499.1)。

低碳钢热轧圆盘条和建筑用热轧光圆钢筋分别用Q235或HPB235表示钢号和强度等级，两者是不一样的。Q：屈服点；H：热轧；P：光圆；B：钢筋。

29 HRB235和Q235分别代表何种类型的钢筋？

答：HRB235是一级带肋钢筋，在现行国家标准(GB 1499.2—2007)中已淘汰使用，在使用期间称呼为“Ⅰ级钢”，其横肋的纵截面呈月牙形，横肋的排布形式有螺旋形和人字形两种。

Q235是普通碳素钢的一种牌号，叫法源自《低碳钢热轧圆盘条》(GB/T 701—1997)，后经《钢筋混凝土用热轧光圆钢筋》(GB 13013—91)引用后定义为钢筋混凝土用热轧光圆钢筋，在现行标准《钢筋混凝土用钢　第1部分：热轧光圆钢筋》(GB 1499.1—2008)中将其修改并统一为HPB235，供应形式有盘圆和直条两种，均轧制为光面圆形截面，直径不大于10mm，长度一般为6～12m。

30　什么是钢筋的条件屈服点？

答：中、高强度钢丝和钢绞线均无明显的屈服点和屈服台阶，其抗拉强度很高。中强度钢丝的抗拉强度为800～1370MPa；高强度钢丝、钢绞线的抗拉强度为1470～1960MPa。伸长率则很小，δ_{100}＝3.5％～4％。中高强度钢丝和钢绞线的应力-应变特征如图1-5所示。图中$\sigma_{0.2}$位对应于残余应变为0.2％的应力，称其为无明显屈服点钢筋的条件屈服点。

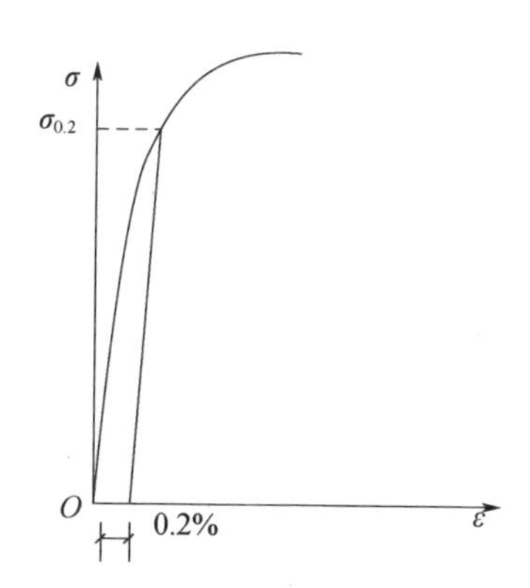

图1-5　无明显屈服点钢筋的应力-应变曲线

31　冷轧带肋钢筋是如何分级的？不同级别的冷轧带肋钢筋各适用于什么情况？

答：母材的力学性能是影响冷轧带肋钢筋力学性能的主要因素之一。一般地说，母材的强度愈高，塑性愈好，则冷轧带肋钢筋的强度也高，塑性也好。鉴于我国目前生产冷轧带肋钢筋的母材品种较多，冷轧加工工艺也不尽相同，冷轧带肋钢筋的强度差异较大。因此，为了合理地利用材料，我国国家标准《冷轧带肋钢筋》（GB 13788—2008）中规定，冷轧带肋钢筋的牌号由CRB和钢筋的抗拉强度最小值构成。C、R、B分别为冷轧（Cold rolled）、带肋（Ribbed）、钢筋（Bar）三个词的英文首位字母。冷轧带肋钢筋分为CRB550、

CRB650、CRB800、CRB970四个牌号，其中CRB550为普通钢筋混凝土用钢筋，其他牌号为预应力混凝土用钢筋。

CRB550级钢筋由于强度较低，主要用以替换钢筋混凝土结构中的小直径热轧I级光圆钢筋，作钢筋混凝土结构构件中的受力主筋、架立钢筋、分布钢筋和箍筋。CRB650级和CRB800级钢筋的强度较高，主要用以取代冷拔钢丝作预应力混凝土中小构件的受力钢筋。

CRB550级的钢筋宜采用Q215热轧圆盘条钢筋轧制，CRB650级的钢筋宜采用Q235热轧圆盘条钢筋轧制，CRB800级的钢筋宜采用24MnTi和20MnSi等热轧低合金圆盘条钢筋轧制。但是，由于钢厂生产的钢材材质有时不够稳定，冷轧带肋钢筋性能还受到冷轧工艺的影响，因此，上述母材的选用不是绝对的。

值得指出的是，虽然CRB600H钢筋的母材和传统的冷轧带肋钢筋相同，但由于其特殊的轧制工艺，已经全然不是传统的冷轧带肋钢筋了，这种新工艺不但使得钢筋强度较传统的冷轧带肋钢筋有了大幅度的提高，更主要的是钢筋的延性得到很大的提高。虽然目前国家相关标准仍将其归类于冷轧带肋钢筋范畴，但不论从性能还是从应用效果看，应当及早地将其游离出来，使之成为可以放心应用的新型高强钢筋。

32　需做疲劳性能验算的板类构件中对CRB600H钢筋的疲劳应力幅限值有何规定?

答：CRB600H钢筋用于需做疲劳性能验算的板类构件，当钢筋的最大应力不超过300N/mm^{2}时，钢筋的200万次疲劳应力幅限值可取150N/mm^2。

33　CRB600H钢筋的性能指标如何?

答：CRB600H钢筋的性能指标如下：

1）CRB600H钢筋的强度标准值应具有不小于95%的保证率，

其屈服强度标准值 f_{yk}、极限强度标准值 f_{stk} 应按表 1-2 采用。

表 1-2　CRB600H 钢筋强度标准值（N/mm²）

钢筋类别	符号	公称直径 d（mm）	屈服强度标准值 f_{yk}	极限强度标准值 f_{stk}
CRB600H 钢筋	φ^{RH}	5～12	540	600

2）CRB600H 钢筋的抗拉强度设计值 f_y、抗压强度设计值 f'_y 应按表 1-3 采用。

当构件采用配有不同强度等级的钢筋时，每种钢筋应采用各自的强度设计值，横向钢筋的抗拉强度设计值 f_{yv} 应按表中 f_y 的数值采用；当采用受剪、受扭和抗冲切承载力计算时，其数值大于 360N/mm² 时应取 360N/mm²。

表 1-3　CRB600H 钢筋强度设计值（N/mm²）

钢筋类别	抗拉强度设计值 f_y	抗压强度设计值 f'_y
CRB600H 高延性高强钢筋	430	380

3）CRB600H 钢筋在最大力下的总伸长率（均匀伸长率）不应小于 5.0%。

4）CRB600H 钢筋的弹性模量 E_s 取 1.90×10^5 N/mm²。

5）CRB600H 钢筋用于需做疲劳性能验算的板类构件，当钢筋的最大应力不超过 300N/mm² 时，钢筋的 200 万次疲劳应力幅限值可取 150N/mm²。

34　CRB600H 钢筋的强度设计值取 f_y＝430N/mm² 安全吗？

答：现行国家标准《混凝土结构设计规范》（GB 50010）中规定钢筋的强度设计值为强度标准值除以钢筋材料分项系数，现行国家行业标准《冷轧带肋钢筋混凝土结构技术规程》（JGJ 95）取 CRB600H 钢筋的材料分项系数为 1.25，由表 1-3 中 CRB600H 钢筋屈服强度标准值 f_{yk}＝540N/mm²，除以材料分项系数 1.25 得 432N/mm²，取 CRB600H 钢筋的强度设计值 $f_y=430N/mm^2$偏于安全。

35 国外发达国家和国际组织对冷轧带肋钢筋强度取值以及我国标准对 CRB600H 钢筋强度取值的比较如何?

答：表 1-4 为国外几个发达国家和国际组织标准以及我国标准对冷轧带肋钢筋强度取值的比较。国外冷轧带肋钢筋的材料分项系数为 1.15～1.20，强度设计值一般不低于 $415N/mm^2$。与国外相比，我国的材料分项系数取 1.25 仍是偏于安全的。

表 1-4 冷轧带肋钢筋、高延性冷轧带肋钢筋的强度取值

国家及标准代号	欧洲规范 EN 1992-1-1	德国 DIN 1045 1	俄罗斯 CI-152 101	中国 JGJ 95
标准年份	2004	2001	2003	2011
强度标准值（MPa）	500	500	500	500、540
材料分项系数（γ_s）	1.15	1.15	1.20	1.25
强度设计值（MPa）	435	435	415	400、430

36 什么是钢筋的延性?

答：构件或构件的某个截面从屈服开始到达最大承载能力或到达以后而承载能力还没有明显下降期间的变形能力。延性好的结构，构件或构件的某个截面的后期变形能力大，在达到屈服或最大承载能力状态后仍能吸收一定量的能量，能避免脆性破坏的发生。

37 以什么来度量钢筋的延性?

答：长期以来一直用钢筋的断后伸长率来表达钢筋的延性，然而这种表达方法由于标距的不同（δ_5、δ_{10}、δ_{100}），所度量的仅仅是钢筋试件的局部区域内（颈缩部位）的残余变形，这种度量方式并没有反映出钢筋的真正延性，是不科学的。目前已经逐步改用钢筋的均匀伸长率来作为钢筋延性的度量指标。均匀伸长率也被称为钢筋在最大力下的总伸长率。CRB600H 钢筋在最大力下的总伸长率为不小于5%，可用于考虑塑性内力重分布的结构。

38　钢筋的伸长率是如何测得的?

答：我国规范《金属材料　拉伸试验　第1部分：室温试验方法》(GB 228.1—2010) 要求在试验中绘制应力-应变曲线，按测量并计算钢筋在最大拉力下的总伸长率（简称均匀伸长率）δ_{gt}作为钢筋塑性的指标。在一般试验条件下，可以按图1-6测量试验后非颈缩断口区域标距内的残余应变 $\varepsilon_r=(l'-l_0)/l_0$（$l'$为残余应变），加上已回复的弹性应变 $\varepsilon_e=\sigma_b{}^0/E_s$（$\sigma_b{}^0$ 为实测钢筋断裂强度，$E_s=\tan\theta$ 为弹性模量）而得均匀伸长率：

$$\delta_{gt}=\left(\frac{l'-l_0}{l_0}\right)+\frac{\sigma_b{}^0}{E_s} \tag{1-2}$$

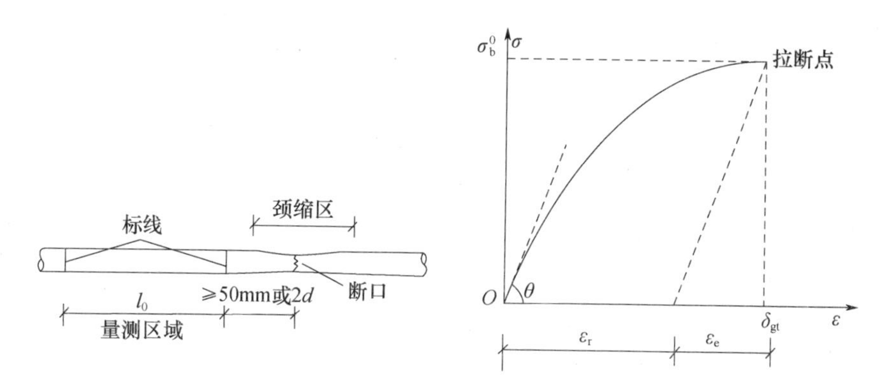

图1-6　钢筋均匀伸长率的测定

均匀伸长率 δ_{gt} 比断后伸长率 $\delta\left(\delta=\frac{l-l_0}{l_0}\times100\%\right)$更真实地反映了钢筋在拉断前的平均（非局部区域）伸长率，可以客观地反映钢筋的变形能力，是比较科学的塑性指标。

39　传统的冷轧带肋钢筋的延性指标是多少?

答：传统的冷轧带肋钢筋由于没有在线回火的工艺过程，因而钢筋的均匀伸长率（钢筋在最大力下的总伸长率）约为2%，且随着时效作用还能进一步降低，而面缩率较大时尤显脆性，会给构件带来安全隐患，这已经成为工程不愿应用传统冷轧带肋钢筋的主要原因。

40 国际标准对钢筋延性的规定是什么？

答：近年来新发布实施的国际标准越来越多地明确提出了钢筋延性指标的要求，欧洲规范EC-2第3.2.4.2条规定的钢筋延性要求是：高延性钢筋的均匀伸长率≥5%；正常延性钢筋≥2.5%。欧洲抗震规范ENV-8规定H类钢筋的延性应≥9%。

第二章　应　用　篇

41　建筑结构对建筑用钢的基本要求是什么?

答：建筑结构对建筑用钢主要有以下几点基本要求：

1）强度高。钢筋的强度越高，钢材的用量则越少。此外，用高强度钢筋做预应力钢筋时，预应力效果比低强度钢筋好。

2）塑性好。结构构件的塑性能力很大程度上取决于钢筋的塑性性能和配筋率。一般地说，钢筋的塑性性能越好，配筋率又合适，构件的塑性性能就越好，破坏前的破坏预兆也就越明显。除此以外，钢筋的塑性越好，钢筋加工成型也越容易。

3）可焊性好。钢筋连接可以采用绑扎连接和焊接连接，以焊接连接的质量较好，耗费的钢材较少，一些重要结构构件都要求采用焊接网连接方式。因此，要求钢筋的焊接性要好，以保证混凝土结构构件的质量。

4）与混凝土的黏结锚固性能好。黏结力是保证钢筋和混凝土这两种完全不同材料一起工作的基础。

综上所述，CRB600H 钢筋具备可应用的全部优势，是一种应当大力推广应用的新型高强钢筋。

42　如何确定钢筋的强度分项系数?

答：对于热轧钢筋，由于其统计资料比较完备，钢筋的强度分项系数是根据对轴心受拉构件的可靠度分析确定的。因为轴心受拉构件的承载力与混凝土的强度无关，所以通过对构件做可靠度分析，令其可靠指标满足《建筑结构可靠度设计统一标准》（GB 50068—2001）对延性破坏构件的要求 $\beta=3.2$，可定选钢筋强度分项系数 γ_s；同时，可得到钢筋的强度设计值 f_y。

43 钢筋如何代换?

钢筋代换，应按钢筋承载力设计值相等的原则进行。除此以外，在办理设计变更时，还应综合考虑钢筋的规格、数量、直径、施工适应性等变化带来的影响，即要使代换后的钢筋满足配筋间距、保护层厚度、裂缝控制、挠度控制、锚固连接、构造要求及抗震构造措施等的要求。

44 HRB400 钢筋如何代换成 CRB600H 钢筋？经济性如何?

答：按抗拉强度设计值等强度代换原则测算，采用 CRB600H 钢筋比采用 400MPa 级钢筋（HRB400）节省钢材 16%。

设 HRB400 钢筋的截面面积为 $A_{s,HRB400}$，抗拉强度设计值 $f_{y,HRB400}=360MPa$；CRB600H 钢筋的截面面积为 $A_{s,CRB600H}$，抗拉强度设计值 $f_{y,CRB600H}=430MPa$，则由等强度代换原则有：

$$f_{y,CRB600H}\cdot A_{s,CRB600H}=f_{y,HRB400}\cdot A_{s,HRB400}$$

在钢筋达到抗拉强度设计值时总拉力相等的条件下，CRB600H 钢筋与 HRB400 钢筋截面面积的比值为：

$$\frac{A_{s,CRB600H}}{A_{s,HRB400}}=\frac{f_{y,HRB400}}{f_{y,CRB600H}}=\frac{360}{430}=0.8372$$

则用 CRB600H 钢筋代换 HRB400 钢筋理论上可节省钢筋用量为 1－0.8372＝0.163＝16.3%。在工程中由于受到钢筋直径规格以及钢筋间距规定的限制，实际节省的钢筋用量会略低于理论值。

45 CRB600H 钢筋适合应用在哪些范畴?

答：CRB600H 钢筋适合应用在以下结构：

1）现浇楼板、屋面板的主筋和分布筋。钢筋直径一般为 ϕ5～12mm，由于现浇楼板的刚度较大，若以 CRB600H 钢筋替代Ⅰ、Ⅱ级钢筋，是细直径钢筋的理想选择。

2）剪力墙中的水平和竖向分布筋。由于高延性冷轧带肋钢筋的伸长率较大，因此用于剪力墙，能满足抗震要求。

3）预应力混凝土结构件中的非预应力筋。

4）梁柱中的箍筋。当箍筋按受力箍筋计算时，其抗拉强度设计值按 360N/mm^2 取值，而 CRB600H 钢筋的抗拉强度设计值是按 415N/mm^{2}取值，完全能达到设计要求。

5）砌体结构承重墙或砌体填充墙拉结筋或拉结网片，圈梁配筋、构造柱（芯柱）配筋以及配筋砌体的受力钢筋均可采用 CRB600H 钢筋。

6）蒸压加气混凝土配筋板材可采用 CRB600H 钢筋。

7）CRB600H 钢筋是钢筋焊接网的首选材料，因其具有强度高、延性好、易加工、与水泥混凝土握裹力强等特点，可广泛应用于房屋建设、高速公路、机场跑道、高层建筑、市政建设、村镇及农田水利建设等工程中。

8）装配式叠合楼板。

46　应用 CRB600H 钢筋时应当执行什么技术标准？

答：应用 CRB600H 钢筋时应当执行《混凝土结构设计规范》（GB 50010）、《砌体结构设计规范》（GB 50003）、《建筑抗震设计规范》（GB 50011）、《混凝土结构工程施工规范》（GB 50666）、《混凝土结构工程施工质量验收规范》（GB 50204）、《砌体工程施工质量验收规范》（GB 50203）、《蒸压加气混凝土板》（GB 15762）、《蒸压加气混凝土性能试验方法》（GB/T 11969）、《金属材料　拉伸试验　第 1 部分：室温试验方法》（GB/T 228.1）、《金属材料　弯曲试验方法》（GB/T 232）、《冷轧带肋钢筋混凝土结构技术规程》（JGJ

95)、《冷轧带肋钢筋》(GB 13788)、《蒸压加气混凝土板钢筋涂层防锈性能试验方法》(JC/T 855)、《钢筋焊接网混凝土结构技术规程》(JGJ 114)、《钢筋锚固板应用技术规程》(JGJ 256)、《高强箍筋混凝土结构技术规程》(CECS 356)及《蒸压加气混凝土建筑应用技术规程》(JGJ 17)等标准。

47 CRB600H 钢筋的混凝土结构或构件的混凝土强度等级如何选择?

答:采用高强钢筋应与较高强度的混凝土相匹配,规定混凝土强度等级不宜低于C30,不应低于C20。混凝土的强度标准值、强度设计值及弹性模量等应按现行国家标准《混凝土结构设计规范》(GB 50010)的有关规定采用。

48 CRB600H 钢筋适用于混凝土结构或构件的哪些部位?

答:CRB600H 钢筋宜用作混凝土结构中的板类构件配筋、墙体分布钢筋、梁柱箍筋及构造钢筋。这里应指出的是,由于 CRB600H 钢筋的抗拉强度实测值与屈服强度实测值的比值最高为 1.15,钢筋在最大拉力下的总伸长率实测值为 5%,尚不满足国家标准《建筑抗震设计规范》(GB 50011)对抗震等级为一、二、三级的框架和斜撑构件(含梯段)纵向受力钢筋的要求,且为小直径,故 CRB600H 钢筋不能用于抗震等级为一、二、三级的框架和斜撑构件的梁、柱纵向受力钢筋。

49 配有 CRB600H 高延性高强钢筋的混凝土构件的斜截面承载力计算、扭曲截面承载力计算及受冲切承载力计算时应符合什么规定?

答:应当符合现行国家标准《混凝土结构设计规范》(GB 50010)的有关规定。同时为控制受剪、受扭和受冲切构件的斜裂缝,热轧再处理小直径高强钢筋用作箍筋的抗拉强度设计值限制为 $f_{yv}=360\text{N/mm}^2$（其数值大于 360N/mm^2 时应取 360N/mm^2）。

50　如何计算配有 CRB600H 钢筋的矩形、T 形、倒 T 形和 I 形截面的钢筋混凝土受拉、受弯、偏心受压构件和受弯板类构件在荷载准永久组合并考虑长期作用影响下的最大裂缝宽度？

答：最大裂缝宽度可按下列公式计算：

$$w_{max}=\alpha_{cr}\psi\frac{\sigma_s}{E_s}\left(1.9c_s+0.08\frac{d_{eq}}{\rho_{te}}\right) \tag{2-1}$$

$$\psi=\delta-0.65\frac{f_{tk}}{\rho_{te}\sigma_s} \tag{2-2}$$

$$\rho_{te}=\frac{A_s}{A_{te}} \tag{2-3}$$

式中：α_{cr}——构件受力特征系数，对受弯和偏心受压构件取 1.9，对偏心受拉构件取 2.4，对轴心受拉构件取 2.7；

ψ——裂缝间纵向受拉钢筋应变不均匀系数，当 $\psi<0.2$ 时取 0.2，当 $\psi>1.0$ 时取 1.0，对直接承受重复荷载的构件取 1.0；

c_s——最外层纵向受拉钢筋外边缘至受拉区底边的距离（mm），当 $c_s<20$ 时，取 $c_s=20$；当 $c_s>65$ 时取 $c_s=65$；

σ_s——按荷载准永久组合计算的纵向受拉钢筋等效应力，按现行国家标准《混凝土结构设计规范》GB 50010 的规定计算；

d_{eq}——受拉区纵向受拉钢筋的等效直径，按现行国家标准《混凝土结构设计规范》GB 50010 的规定计算；

ρ_{te}——按有效受拉混凝土截面面积计算的纵向受拉钢筋配筋率，当 $\rho_{te}<0.01$ 时取 $\rho_{te}=0.01$；

A_s——受拉区纵向受拉钢筋截面面积，按现行国家标准《混凝土结构设计规范》GB 50010 的规定计算；

A_{te}——有效受拉混凝土截面面积，按现行国家标准《混凝土结构设计规范》(GB 50010) 的规定计算；

δ——构件系数，对于矩形、T 形、倒 T 形和 I 形截面构件取 1.1，对于板类受弯构件取 1.05。

51　CRB600H 钢筋混凝土受弯构件，在正常使用极限状态下挠度计算的荷载组合、刚度计算以及挠度的限值要求均应符合什么规定？

答：在正常使用极限状态下，挠度可根据构件的刚度用结构力学方法进行计算。挠度计算的荷载组合应按荷载准永久组合并考虑荷载长期作用下的影响进行受弯构件的挠度验算。挠度的允许值（限制）见表 2-1。当构件制作预先起拱或预应力构件产生反拱时，计算挠度值可减去起拱或反拱值。

表 2-1　受弯构件的挠度限值

构件类型	吊车梁		屋盖、楼板、楼梯构件		
	手动	电动	$l_0 \leqslant 7$m	7m$\leqslant l_0 \leqslant$9m	$l_0>9$m
挠度限值	$l_0/500$	$l_0/600$	$l_0/200$ ($l_0/250$)	$l_0/250$ ($l_0/300$)	$l_0/300$ ($l_0/400$)

注：1. 括号中数值适用于使用上对挠度有较高要求的构件，l_0 为计算跨度值。
2. 对悬臂构件的挠度限值，计算跨度 l_0 按实际悬臂长度的 2 倍取用。

52　为什么配置了 CRB600H 钢筋的混凝土板类受弯构件，当混凝土强度等级不低于 C30，环境类别为一类时，可不做最大裂缝宽度验算？

答：因为受力钢筋的直径较小，混凝土保护层厚度也较小，在正常使用极限状态钢筋的工作应力下，裂缝宽度也较小。经核算，当混凝土强度等级为 C30、板中受力钢筋直径 d=12mm、保护层厚度为 15～20mm，c_s=20mm 时：CRB600H 钢筋在各种配筋率下的计算最大裂缝宽度为 0.228mm，满足一类环境下最大裂缝宽度限值 0.3mm 的规定，可不做最大裂缝宽度验算，这种优势应当得到充分利用。

53 配置了 CRB600H 钢筋的普通钢筋混凝土构件中受拉钢筋的锚固长度是如何规定的?

答：受拉钢筋的锚固长度 l_a 不应小于表 2-2 规定的数值，且不应小于 200mm。

表 2-2 CRB600H 高延性高强钢筋的最小锚固长度

混凝土的强度等级	C20	C25	C30、C35	≥C40
最小锚固长度（mm）	55d	40d	35d	30d

注：1. 表中 d 为 CRB600H 高延性高强钢筋的公称直径。
2. 两根等直径并筋的锚固长度应按表中数值乘以 1.4 后采用。

54 CRB600H 钢筋作为板中的受力筋，其与支座锚固如何处理?

答：采用分离式配筋的多跨板，板底钢筋宜全部伸入支座；支座负弯矩钢筋向跨内延伸的长度应根据负弯矩图确定，并应满足钢筋锚固的要求。简支板或连续板下部纵向受力钢筋伸入支座的锚固长度不应小于钢筋直径的 10 倍，且宜伸至支座中心线。当连续板内温度、收缩应力较大时，伸入支座的长度宜适当增加。

55 应用 CRB600H 钢筋时，其最小搭接长度为多少?

答：当绑扎搭接接头面积百分率不大于 25%时，钢筋的绑扎搭接接头最小搭接长度见表 2-3。

表 2-3 CRB600H 高延性高强钢筋纵向受拉钢筋的最小搭接长度

混凝土强度等级	C20	C25	C30	C35	≥C40
最小搭接长度（mm）	55d	50d	45d	40d	35d

注：表中 d 为搭接钢筋直径。两根直径不同钢筋的搭接长度，以较细钢筋的直径计算。

56　受拉钢筋的搭接长度与钢筋搭接接头面积的比例有关，请问 CRB600H 钢筋在搭接接头面积百分率分别为 50%和 100%时是如何规定的?

答：当纵向受拉钢筋搭接接头面积百分率为 50%时，其最小搭接长度应按表 2-3 中的数值乘以系数 1.15 取用；当搭接接头面积百分率为 100%时，应按表 2-3 中的数值乘以系数 1.35 取用；当搭接接头面积百分率为其他中间值时，修正系数可按内插法取值。

57　如何确定 CRB600H 钢筋在钢筋混凝土构件中的最大与最小配筋率?

答：国际上通常“以截面受拉区混凝土开裂后受拉钢筋不致立即进入屈服后变形状态为准则”来确定受拉钢筋的最小配筋率。在现浇的钢筋混凝土楼盖、屋盖板中，由于板的超静定特征和双向受力特征，混凝土受拉开裂后一般不致产生过宽裂缝和过大挠度，因此采用了 CRB600H 钢筋的构件纵向受拉钢筋的最小配筋率可以适当降低。表 2-4 列出了各种钢筋在板类受弯构件中纵向受拉钢筋的最小配筋率。从表中可以看出，随着钢筋抗拉强度值的提高，最小配筋率变小；即在相同情况下，选择较高强度钢筋可以节约钢筋。

表 2-4　板纵向受拉钢筋最小配筋率

钢筋级别	C25	C30	C35	C40	C45	C50
HPB300	0.21	0.24	0.26	0.29	0.30	0.32
HRB335	0.20	0.21	0.24	0.26	0.27	0.28
HRB400	0.16	0.18	0.20	0.21	0.23	0.24
HRB500	0.15	0.15	0.16	0.18	0.19	0.20
CRB550	0.15	0.16	0.18	0.19	0.20	0.21
CRB600H	0.15	0.15	0.17	0.18	0.20	0.21

合理的配筋率要根据设计师的设计历练、扎实的结构知识、丰富的经验、构件的受力特性以及结构设计的整体性思维等来确定。即尚应考虑到：

1）混凝土构件配筋首先满足受力、裂缝、变形要求。

2）受弯构件如板的配筋率最好控制在0.25%～0.5%之间，钢筋直径在8～12mm之间，钢筋间距在100～200mm之间，配筋率较小时对控制混凝土收缩裂缝不利，配筋率较大不经济。

3）剪力墙属受压或偏心受压构件，其配筋一般由构造控制，在满足最小配筋率的基础上，适当提高配筋率，钢筋间距最好控制在200mm以下，能更好地约束混凝土、控制裂缝。

4）构造需要截面较大的构件，如地下室外墙，在满足最小配筋率的基础上，配筋率最好控制在0.5%以上，钢筋间距150mm以下，严格控制裂缝，满足防水需要。

5）基础等以冲切、抗剪控制的混凝土构件，满足受力及最小配筋率即可。

6）建筑构造装饰性混凝土构件，配筋率在满足受力需求上，一般不控制最小配筋率，但做好拉结，确保安全。

对于板类受弯构件（悬臂板除外），纵向受拉钢筋最小配筋率可取0.15%和$45f_t/f_y$两者中的较大值。

58 CRB600H钢筋作为受力筋在板中的钢筋间距多少为好？

答：板中受力钢筋的间距，当板厚不大于150mm时不宜大于200mm；当板厚大于150mm时不宜大于板厚的1.5倍，且不宜大于250mm。

59 按简支边或非受力边设计的现浇混凝土板，当与混凝土梁、墙整体浇筑或嵌固在砌体墙内时，应设置板面构造钢筋，并应符合什么要求？

答：（1）CRB600H钢筋直径不宜小于6mm，间距不宜大于

200mm，且单位宽度内的配筋面积不宜小于跨中相应方向板底钢筋截面面积的1/3；与混凝土梁、混凝土墙整体浇筑单向板的非受力方向，单位宽度内钢筋截面面积尚不宜小于受力方向跨中板底钢筋截面面积的1/3。

（2）CRB600H钢筋从混凝土梁边、柱边、墙边伸入板内的长度不宜小于$l_0/4$，砌体墙支座处钢筋伸入板边的长度不宜小于$l_0/7$，其中计算跨度l_0对单向板按受力方向考虑，对双向板应按短边方向考虑。

（3）在楼板角部，宜沿两个方向正交、斜向平行或放射状布置附加钢筋，附加钢筋在两个方向的延伸长度不宜小于$l_0/4$，其中l_0应符合第（2）条的规定。

（4）CRB600H钢筋应在梁、墙或柱内可靠锚固。

60　当按单向板设计时，除沿受力方向布置受力钢筋外，还应有其他什么构造措施？

答：当按单向板设计时，除沿受力方向布置受力钢筋外，尚应在垂直于受力的方向布置分布钢筋，单位宽度上的分布钢筋截面面积不宜小于单位宽度上受力钢筋的15%，且配筋率不宜小于0.15%；分布钢筋直径不宜小于5mm，间距不宜大于250mm；当集中荷载较大时，分布钢筋截面面积尚应增加，且间距不宜大于200mm。

61　在抗震设防烈度为8度及8度以下的地区，CRB600H钢筋用作钢筋混凝土结构抗震等级为二级剪力墙的底部加强区以上及三、四级剪力墙的分布钢筋有何限制？

答：行业标准《冷轧带肋钢筋混凝土结构技术规程》（JGJ 95—2011）将CRB550钢筋（$\delta_{gt}\approx2\%$）和CRB600H钢筋（$\delta_{gt}\geqslant5\%$）统一考虑规定冷轧带肋钢筋用于剪力墙底部加强层以上的墙体分布筋，

由于CRB600H钢筋的均匀伸长率与《混凝土结构设计规范》（GB 50010—2010）中的RRB400钢筋相同，而GB 50010—2010对RRB400钢筋用于剪力墙分布筋并无限制，故取消了CRB600H钢筋用于剪力墙分布筋的限制。此外由于CRB600H钢筋的刚度较好，用于剪力墙分布筋时绑扎施工也很方便。

62　混凝土剪力墙内如何配置CRB600H钢筋？

答：抗震烈度为8度及8度以下的地区，CRB600H高延性高强钢筋可用作钢筋混凝土结构抗震等级为二级剪力墙的底部加强区以上及三、四级剪力墙的分布钢筋；其构造要求应符合现行国家标准《混凝土结构设计规范》（GB 50010）和《建筑抗震设计规范》（GB 50011）的有关规定。

采用CRB600H高延性高强钢筋的剪力墙，其分布筋的最小配筋率应符合现行国家标准《混凝土结构设计规范》（GB 50010）和《建筑抗震设计规范》（GB 50011）的有关规定。

墙内水平及竖向分布钢筋直径不宜小于8mm，间距不宜大于300mm。可利用焊接钢筋网片进行墙内配筋。

剪力墙水平分布钢筋的配筋率ρ_{sh}和竖向分布钢筋的配筋率ρ_{sv}，不宜小于0.20%；重要部位的剪力墙，水平和竖向分布钢筋的配筋率宜适当提高。墙中温度、收缩应力较大的部位，水平分布钢筋的配筋率宜适当提高。

对于高度不大于10m且不超过3层房屋的墙，其厚度不应小于120mm，配筋率不宜小于0.15。

63　混凝土剪力墙中配筋构造应符合什么要求？

答：墙中配筋构造应符合下列要求：

1）墙竖向分布钢筋可在同一高度搭接，搭接长度不应小于$1.2l_a$。

2）墙水平分布钢筋的搭接长度不应小于$1.2l_a$。同排水平分布钢筋的搭接接头之间以及上、下相邻水平分布钢筋的搭接接头之间沿水平方向的净间距不宜小于 500mm。

3）墙中水平分布钢筋应伸至墙端并向内水平弯折 10d（d 为钢筋直径）。

4）端部有翼缘或转角的墙内墙两侧和外墙内侧的水平分布钢筋应伸至翼墙或转角外边，并分别向两侧水平弯折，弯折长度不宜小于 15d。在转角墙处，外墙外侧的水平分布钢筋应在墙端外角处弯入翼墙并与翼墙外侧的水平分布钢筋搭接。

5）带边框的墙，水平和竖向分布钢筋宜分别贯穿柱、梁或锚固在柱、梁内。

64 剪力墙洞口连梁应如何配置 CRB600H 钢筋？

答：应沿全长配置箍筋，箍筋直径应不小于 6mm，间距不宜大于 150mm。在顶层洞口连梁纵向钢筋伸入墙内的锚固长度范围内，应设置间距不大于 150mm 的箍筋，箍筋直径宜与跨内箍筋直径相同，同时门窗洞边的竖向钢筋应满足受拉钢筋锚固长度的要求。

墙洞口上、下两边的水平钢筋除应满足洞口连梁正截面受弯承载力的要求外，尚不应少于 2 根直径不小于 12mm 的钢筋。对于计算分析中可忽略的洞口洞边钢筋截面面积分别不宜小于洞口截断的水平分布钢筋总截面面积的一半。纵向钢筋自洞口边伸入墙内的长度不应小于受拉钢筋的锚固长度。

65 混凝土剪力墙墙肢两端应如何配筋？

答：应当配置竖向受力钢筋并与墙内的竖向分布钢筋共同用于墙的正截面受弯承载力计算。每端的竖向受力钢筋不宜少于 4 根直径不小于 12mm 的钢筋或 2 根直径不小于 16mm 的钢筋，并宜沿该竖向钢筋方向配置直径不小于 6mm、间距为 250mm 的 CRB600H 箍筋或拉结筋。

66　CRB600H 钢筋作为箍筋的适用范围是什么？

答：抗震设防烈度为 8 度及 8 度以下的地区，CRB600H 钢筋可用作钢筋混凝土结构抗震等级为二、三、四级的框架梁、柱箍筋以及剪力墙边缘构件的箍筋，箍筋构造措施符合现行国家标准《混凝土结构设计规范》（GB 50010）的有关规定。

67　柱箍筋在规定的范围内应加密，加密区的箍筋间距和直径应符合哪些要求？

答：一般情况下，箍筋的最大间距和最小直径应按表 2-5 采用。

表 2-5　柱箍筋加密区的箍筋最大间距和最小直径

抗震等级	箍筋最大间距（采用较小值 mm）	箍筋最小直径（mm）
一	6d，100	10
二	8d，100	8
三	8d，150（柱根 100）	8
四	8d，150（柱根 100）	6（柱根 8）

注：1. d 为柱纵筋最小直径。
　　2. 柱根指底层柱下端。

一级框架柱的箍筋直径大于 12mm 且箍筋肢距不大于 150mm 及二级框架柱的箍筋直径不小于 10mm 且箍筋肢距不大于 200mm 时，除柱根外，最大间距应允许采用 150mm；三级框架柱的截面尺寸不大于 400mm 时，箍筋最小直径应允许采用 6mm；四级框架柱剪跨比不大于 2 时，箍筋直径不应小于 8mm。

框支柱和剪跨比不大于 2 的框架柱，箍筋间距不应大于 100mm。

68　柱的箍筋配置应符合哪些要求？

答：国家标准《建筑抗震设计规范》（GB 50011）对于柱子箍筋的加密范围做了如下规定：

1）柱端，取截面高度（圆柱直径）、柱净高的 1/6 和 500mm 三者的最大值；

2）底层柱的下端不小于柱净高的 1/3；

3）刚性地面上下各 500mm；

4）剪跨比不大于 2 的柱、因设置填充墙等形成的柱净高与柱截面高度之比不大于 4 的柱、框支柱、一级和二级框架的角柱取全高。

5）柱箍筋加密区的箍筋肢距，一级不宜大于 200mm；二、三级不宜大于 250mm；四级不宜大于 300mm。至少每隔一根纵向钢筋宜在两个方向有箍筋或拉筋约束。采用拉筋复合箍时，拉筋宜紧靠纵向钢筋并钩住箍筋。

69　柱箍筋加密区的体积配箍率按哪些规定采用？

答：1）柱箍筋加密区的体积配箍率应符合式（2-4）的要求：

$$\rho_V \geqslant / \lambda_V f_c / f_{yv} \tag{2-4}$$

式中：ρ_V——柱箍筋加密区的体积配箍率，一级不应小于 0.8%，二级不应小于 0.6%，三、四级不应小于 0.4%，计算复合螺旋箍的体积配箍率时，其非螺旋箍的箍筋体积应乘以折减系数 0.80；

f_c——混凝土轴心抗压强度设计值，强度等级低于 C35 时，应按 C35 计算；

f_{yv}——箍筋或拉筋抗拉强度设计值；

λ_v——最小配箍特征值，按表 2-6 采用。

表 2-6　柱箍筋加密区的箍筋最小配箍特征值

抗震等级	箍筋形式	≤0.3	0.4	0.5	0.6	0.7	0.8	0.9	1.0	1.05
一	普通箍、复合箍	0.10	0.11	0.13	0.15	0.17	0.20	0.23	—	—
	螺旋箍、复合或连续复合矩形螺旋箍	0.08	0.09	0.11	0.13	0.15	0.18	0.21		

续表

抗震等级	箍筋形式	≤0.3	0.4	0.5	0.6	0.7	0.8	0.9	1.0	1.05
二	普通箍、复合箍	0.08	0.09	0.11	0.13	0.15	0.17	0.19	0.22	0.24
	螺旋箍、复合或连续复合矩形螺旋箍	0.06	0.07	0.09	0.11	0.13	0.15	0.17	0.20	0.22
三	普通箍、复合箍	0.06	0.07	0.09	0.11	0.13	0.15	0.17	0.20	0.22
四	螺旋箍、复合或连续复合矩形螺旋箍	0.05	0.06	0.07	0.09	0.11	0.13	0.15	0.18	0.20

注：普通箍指单个矩形箍和单个圆形箍，复合箍指由矩形、多边形、圆形箍或拉筋组成的箍筋；复合螺旋箍指由螺旋箍与矩形、多边形、圆形箍或拉筋组成的箍筋；连续复合矩形螺旋箍指用一根通长钢筋加工而成的箍筋。

2）框支柱宜采用复合螺旋箍或井字复合箍，其最小配箍特征值应比表2-6内的数值增加0.02，且体积配箍率不应小于1.5%。

3）剪跨比不大于2的柱宜采用复合螺旋箍或井字复合箍，其体积配箍率不应小于1.2%，9度一级时不应小于1.5%。

70　框架柱箍筋非加密区的箍筋配置应符合哪些要求？

答：框架柱箍筋非加密区的箍筋配置应符合下列要求：

1）柱箍筋非加密区的体积配箍率不宜小于加密区的50%；

2）箍筋间距，一、二级框架柱不应大于10倍纵向钢筋直径；三、四级框架柱不应大于15倍纵向钢筋直径。

71　框架节点核心区箍筋的最大间距和最小直径如何规定？

答：一、二、三级框架节点核心区配箍特征值分别不宜小于0.12、0.10和0.08且体积配箍率分别不宜小于0.6%、0.5%和0.4%。柱剪跨比不大于2的框架节点核心区，体积配箍率不宜小于核心区上、下柱端的较大体积配箍率。

72　什么是高强箍筋混凝土结构？

答：采用高强度钢筋作为箍筋的钢筋混凝土结构。

73　什么是高强箍筋？

答：由高强度钢筋加工制作的箍筋。

74　高强箍筋在混凝土结构中的应用有什么优势？

答：随着高层建筑的快速发展，混凝土结构采用高强材料成为发展趋势，C50 以上的高强混凝土在实际工程中得到较多应用；2010 版《混凝土结构设计规范》（GB 50010）将 500MPa 级钢筋列入其中，标志着我国在混凝土结构中开始广泛地应用高强材料。

混凝土是一种脆性材料，强度越高脆性越明显，高强混凝土的脆性使结构的延性降低，造成高强混凝土结构的抗震性能较差，这是阻碍高强混凝土应用的一个重要方面。众所周知，钢筋混凝土结构的延性并不取决于混凝土，而是取决于钢筋的配置。利用箍筋对混凝土的约束是克服混凝土脆性、改善其力学性能的一个重要手段。

目前钢筋混凝土结构中采用的箍筋的强度普遍较低，导致其受剪承载力也较低，更重要的是不能对混凝土形成有效的约束；或在有些情况下需要的箍筋直径大、间距密，致使箍筋绑扎和混凝土浇捣等施工困难，难以保证质量，同时还造成材料的浪费。为解决上述矛盾，日本自 1988 年开展了题为“采用高强混凝土和钢筋（高强度主筋、高强度箍筋）材料，开发先进的钢筋混凝土建筑”（通常称为“新钢筋混凝土”）的全国性研究项目，对高强材料的开发、新钢筋混凝土构件和结构的性能、设计及施工指南等进行了较系统的研究，其中包括高强箍筋混凝土结构，并已制订了相应的行业规程和指南，在工程实际中得到较多的推广应用。据目前可查到的资料，日本采用新混凝土结构技术建设的实际工程，至 1997 年已达 28 栋，最高建筑为高度 128m、41 层的高层建筑。

高强箍筋混凝土是将目前混凝土结构中的普通强度箍筋用高强钢筋来代替，将箍筋的强度提高、直径变细、间距变密，一方面使得箍筋能对混凝土起到更有效的约束作用，以改善高强混凝土的脆性，提高其强度和延性，改善结构的抗震性能，另一方面还可提高构件的受剪承载力，达到节约钢材的目的。本书中的高强箍筋是指梁采用极限抗拉强度为800MPa以上、柱采用极限抗拉强度为1000MPa以上的高强钢筋作为箍筋，采用高强箍筋的目的是使构件在极限状态时箍筋不屈服，构件在大变形时，箍筋处于弹性状态，对混凝土形成有效的约束，构件在大震下超过极限承载力而进入软化段后，高强箍筋对混凝土的约束效果更加显著，从而使混凝土构件具有良好的抗震性能。

对于配置高强箍筋的钢筋混凝土结构，我国自21世纪也开始进行了研究工作，其结论与日本所做工作基本相同。高强箍筋混凝土结构可丰富和完善现有的钢筋混凝土结构基本理论，提高钢筋混凝土结构的抗震性能和安全性，同时，采用高强钢筋又能节省钢材用量，取得好的经济效益和社会效益，对推广高强钢筋的应用和节能减排有重要意义。

75　目前高强箍筋混凝土结构的适用范围？

答：高强箍筋混凝土结构仅是将建（构）筑物混凝土结构中的普通强度箍筋用高强钢筋代替，增加箍筋对混凝土的约束效果，改善混凝土结构的受力和抗震性能。对巨型柱结构体系、预应力混凝土结构、轻骨料混凝土结构等目前尚未开展相应的研究工作。

76　高强箍筋有哪几种？分别怎么定义？

答：（1）高强复合箍筋（high-strength composite stirrup）

由多个普通形式高强箍筋叠套组装而成的封闭箍筋。

（2）高强连续复合箍筋（high-strength consecutive com-posite stirrup）

高强箍筋在二维平面内由一根钢筋连续加工制成的复合封闭箍

筋，也称为“一笔画”箍筋。

（3）高强螺旋箍筋（high-strength spiral stirrup）

高强箍筋在三维方向由一根钢筋制成的各类螺旋箍筋的统称。

（4）高强复合螺旋箍筋（high-strength composite spiral stirrup）

由高强螺旋箍筋与多个普通形式高强箍筋或高强连续复合箍筋叠套组成的复合箍筋。

（5）高强连续复合螺旋箍筋（high-strength consecutive composite spiral stirrup）

高强箍筋在三维空间内由一根钢筋连续加工制成的或由多个高强螺旋箍筋叠套组装而成的复合箍筋。

（6）高强连续箍筋（high-strength consecutive spiral stirrup）

包括高强连续复合箍筋、高强螺旋箍筋、高强连续复合螺旋箍筋。

77　常见的普通箍筋和高强箍筋形式的对比？

答：高强连续复合箍筋俗称“一笔画”箍筋；高强螺旋箍筋是指圆形、矩形、方形等各种形式的螺旋箍筋的统称；高强复合螺旋箍筋是指由高强螺旋箍筋与高强复合箍筋或高强连续复合箍筋叠套组装而成的箍筋；高强连续复合螺旋箍筋是指三维空间内由一根钢筋连续加工制成的复合螺旋箍筋或由多个高强螺旋箍筋叠套组装而成的复合箍筋。图 2-1～图 2-5 所示为一些常见的普通箍筋和高强箍筋形式。

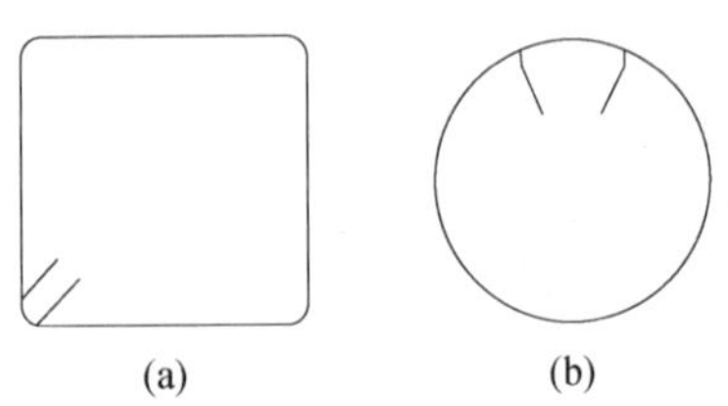

图 2-1　普通形式箍筋

（a）矩形封闭箍筋；（b）圆形封闭箍筋

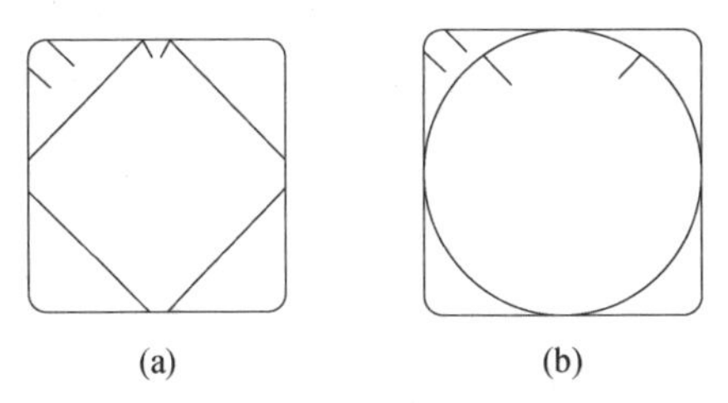

图 2-2　高强复合箍筋

（a）形式 1；（b）形式 2

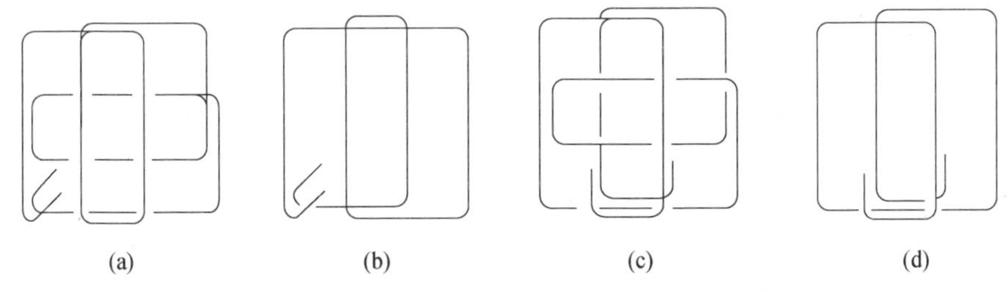

图 2-3　高强连续复合箍筋

（a）形式 1；（b）形式 2；（c）形式 3；（d）形式 4

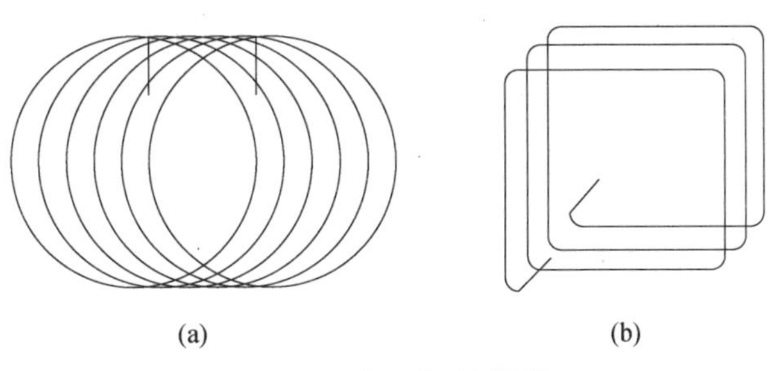

图 2-4　高强螺旋箍筋

（a）圆形；（b）矩形或方形

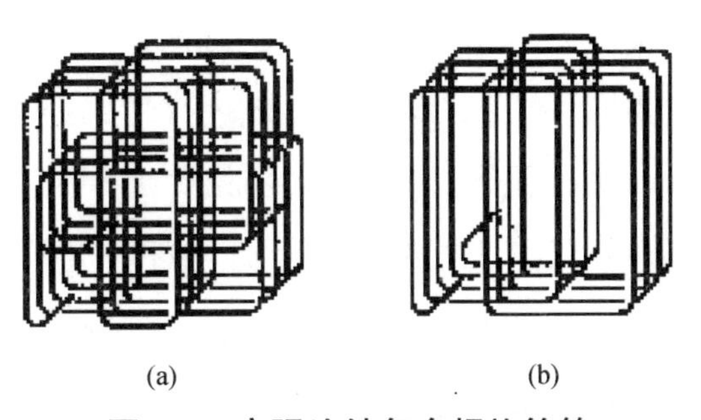

图 2-5　高强连续复合螺旋箍筋

（a）形式 1；（b）形式 2

78 高强箍筋混凝土结构对混凝土强度有何要求？为什么？

答：为了充分发挥高强材料的性能，使高强箍筋与混凝土的强度等级相匹配，所采用的混凝土强度等级较高；混凝土强度等级较高时其脆性越明显，利用高强箍筋对较高强度等级的混凝土进行约束，使混凝土的脆性性能得到明显改善，有利于混凝土结构的抗震性能。由于混凝土结构中的梁采用的混凝土强度一般较柱低，基于上述考虑，结合目前我国混凝土结构的实际，建议梁的混凝土强度等级不低于C30，柱的混凝土强度等级不低于C40。

79 高强箍筋混凝土结构对其他钢筋的配置有何要求？为什么？

答：现行混凝土结构中的箍筋采用高强箍筋，以提高箍筋对混凝土的约束效果，克服混凝土特别是较高强度等级混凝土的脆性，因此其他钢筋的配置不变，故纵向钢筋和分布钢筋的选用和力学指标取值仍按国家现行标准执行。

80 高强箍筋混凝土梁、柱、节点构件中典型的箍筋形式是什么？

答：高强箍筋在梁、柱、节点构件中的形式基本上与普通强度箍筋混凝土构件相同，此处强调高强箍筋的封闭，突出高强螺旋复合箍筋、高强连续复合箍筋，以增强对混凝土的约束效果。结合工程实际，梁、柱、节点等典型的箍筋形式，如图2-6、图2-7所示。

鉴于目前国内外的试验构件截面较小，对截面尺寸大的柱，在混凝土柱内增加配置核心高强圆形螺旋箍筋，以增大高强箍筋对混凝土的约束效果。

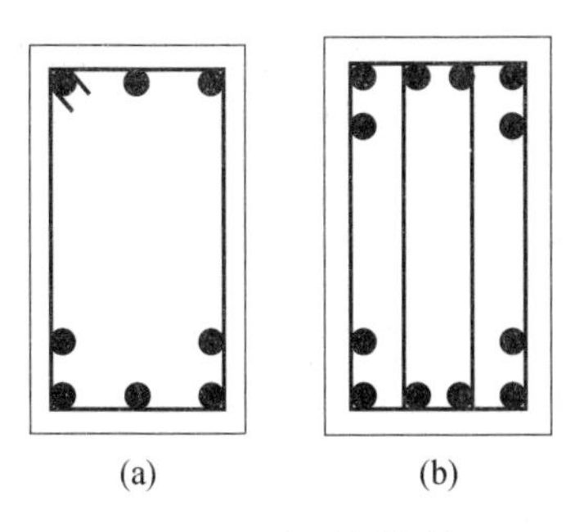

图 2-6　梁的箍筋

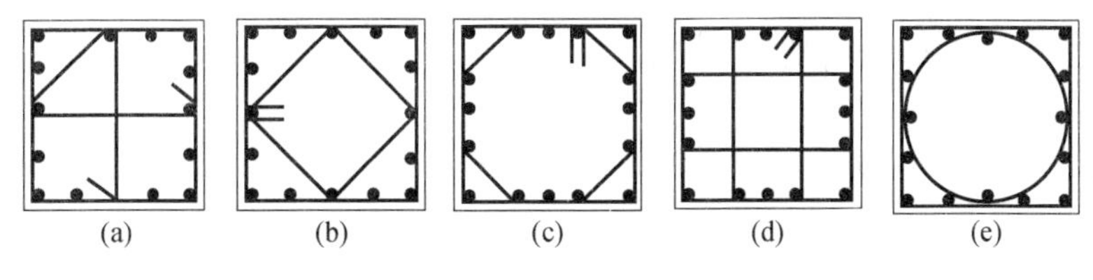

图 2-7　柱、节点连续复合箍筋

81　高强箍筋混凝土对应于应力-应变峰值点时高强箍筋的应力代表值可取 550MPa，为什么？

答：根据国内外高强箍筋约束混凝土轴心受压力学性能的试验研究，表明当高强箍筋约束混凝土棱柱体试件达到峰值强度时箍筋尚未屈服，且与配箍率、箍筋形式、混凝土强度等因素有关，故在计算时不能直接取高强箍筋的实际屈服强度，需要确定箍筋实际应力的大小。为简化计算，根据试验结果实测和国内外已有的研究结果，对应于应力-应变峰值点时高强箍筋的应力代表值可取 550MPa。

82　高强箍筋对混凝土结构的弹塑性层间位移角限值是否有影响？

答：高强箍筋对混凝土结构弹性层间位移角限值基本上没有影响，但对结构弹塑性层间位移角限值影响较大。试验表明，当结构出现弹塑性变形后，特别是达到极限荷载以后，高强箍筋对混凝土的约束逐渐显现，由于限制高强箍筋进入屈服状态，混凝土塑性发展越大，高强箍筋约束效果越好，使得结构的弹塑性变形得到明显改善，延性和层间位移角增大。根据现有的试验研究结果，出于安全考虑，国家有关标准规定高强箍筋混凝土结构弹性层间位移角限值和弹塑性层间位移角限值的取值与国家现行有关标准相同。

83 高强箍筋混凝土轴心受压构件，其正截面受压承载力应符合哪些规定？

答：高强箍筋混凝土轴心受压构件，其正截面受压承载力应符合下列规定：

（1）对圆形截面柱，宜采用圆形螺旋箍筋，其轴心受压承载力应按现行国家标准《混凝土结构设计规范》（GB 50010）规定的方法计算。高强螺旋箍筋的抗拉强度设计值按《高强箍筋混凝土结构技术规程》（CECS 356—2013）第 3.2.4 条取值。

（2）对矩形截面柱，其轴心受压承载力应符合下列规定：

$$N \leqslant 0.9\varphi\ (A_{cor} f_{ce} + A_s' f_y') \tag{2-5}$$

式中：N——轴向压力设计值；

φ——钢筋混凝土构件的稳定系数，按现行国家标准《混凝土结构设计规范》（GB 50010）的规定采用；

f_{ce}——高强箍筋约束混凝土的轴心抗压强度设计值，按《高强箍筋混凝土结构技术规程》（CECS 356—2013）第 4.1.6 条的规定计算；

A_{cor}——构件的核心截面面积，取箍筋内表面范围内的混凝土截面面积；

A_s'——全部纵向钢筋的截面面积；

f_y'——纵向钢筋的抗压强度设计值。

当按式（2-5）的计算值小于按现行国家标准《混凝土结构设计

规范》(GB 50010) 中规定的正截面受压承载力值时，应采用现行国家标准《混凝土结构设计规范》(GB 50010) 中的有关规定进行计算。

注：当柱的长细比 $l_0/h>14$ 时，不考虑箍筋的约束作用。

圆形截面轴心受压构件可充分发挥高强箍筋的强度，按现行国家标准《混凝土结构设计规范》(GB 50010) 的规定执行。

对矩形和方形截面轴心受压构件，考虑高强箍筋对混凝土的约束作用，可采用高强箍筋约束混凝土轴心抗压强度设计值 f_{cc} 进行计算，即按式 (2-5) 计算；截面较小时，按式 (2-5) 计算，其承载力可能小于按现行国家标准《混凝土结构设计规范》(GB 50010) 的有关规定的计算值，故采取了取较大值的计算方法。

84 高强箍筋混凝土构件正截面受弯承载力、压弯承载力、拉弯承载力、受拉承载力计算应符合什么规定?

答：试验表明，高强箍筋约束混凝土对构件正截面压弯承载力有一定的提高作用，由于数据较少，从偏于安全考虑，按现行国家标准《混凝土结构设计规范》(GB 50010) 的规定执行。

85 轴心受压构件承载力计算中考虑高强箍筋的约束作用采用 f_{cc} 指标时，箍筋的间距不应大于 80mm，且不宜小于 40mm，为什么?

答：试验表明：在箍筋间距大于 80mm 时，钢筋的约束效果显著下降；当箍筋的间距小于 40mm 时，结构施工较为困难。当计算考虑间接钢筋作用提高承载力时，截面计算参数不应考虑钢筋保护层的作用，截面宜从约束钢筋内表面算起且箍筋肢距不应大于 200mm。当矩形截面不等边时，d_{cor} 应以短边计算，偏于安全，约束应力取最小面的约束应力，体积配箍率以最小面配箍率的 2 倍计算。

86 考虑地震组合的框架梁、柱，其构造措施的截面配箍验算中，高强箍筋的抗拉强度设计值为什么可取 700MPa？

答：由于规定材质钢筋的抗拉强度值较高，试验中发现在高配箍率构件达到极限承载力后箍筋应力一般达不到屈服强度标准值。当构件超过其承载力进入软化阶段后，高强箍筋的应力增加较快，配箍率较少的试件高强箍筋屈服甚至拉断；而对配置普通强度箍筋的混凝土构件，当构件达到其承载力时，普通强度箍筋一般已达到屈服强度，构件承载力进入软化阶段后，箍筋对混凝土的约束能力不再增加，承载力快速下降，这是普通强度箍筋与高强度箍筋的较大区别之处。设定约束计算时箍筋应力按 700MPa 取值，使构件的强度和延性均有保证。

87 框架的基本抗震构造措施中，框架梁端高强箍筋的加密区长度、最大间距和箍筋最小直径如何采用？为什么？

答：框架梁端高强箍筋的加密区长度、最大间距和箍筋最小直径应按表 2-7 采用；当梁端纵向受拉钢筋配筋率大于 2.0%时，表 2-7 中的箍筋最小直径应增大 1mm；非加密区的箍筋间距不宜大于加密区箍筋间距的 2.0 倍，且沿梁全长高强箍筋的配筋率 ρ_{sv}，应符合下列规定：

一级抗震等级： $\rho_{sv} \geqslant 0.48 \dfrac{f_t}{f_{yv}}$

二级抗震等级： $\rho_{sv} \geqslant 0.45 \dfrac{f_t}{f_{yv}}$

三、四级抗震等级： $\rho_{sv} \geqslant 0.40 \dfrac{f_t}{f_{yv}}$

表 2-7 框架梁端高强箍筋的加密区长度、最大间距和箍筋最小直径

抗震等级	加密区长度（取较大值）(mm)	箍筋最大间距（取最小值）(mm)	箍筋最小直径（取较大值）(mm)
一级	$2h_b$ 和 500	$h_b/4$，70	6，$d/5$
二级	$1.5h_b$ 和 500	$h_b/4$，80	6，$d/5$
三级	—	$h_b/4$，80	5，$d/5$
四级	—	$h_b/4$，100	5，$d/5$

注：h_b 为框架梁截面高度，d 为纵筋最大直径。

以上规定是参考钢筋强度等级 HRB500 级热轧钢筋确定，由于结构构件基本上属空间构件，框架梁或多或少承担部分扭矩。因此，规定的最小值不低于非抗震的抗扭构件的要求。为防止箍筋配置过少，规定了箍筋沿全长的最小配箍率。最小配箍率指标与 HRB500 级钢筋相同。

对于箍筋的最大间距，考虑约束混凝土只有当箍筋间距小于 80mm 时约束效果较好，抗震等级为四级时适当放松。构造设定时满足箍筋平均约束应力大于现行国家标准《混凝土结构设计规范》(GB 50010）中箍筋采用 500 级热轧钢筋时的平均约束应力的要求，以达到节材的目的。

关于箍筋最小直径的规定，参考了欧洲规范中的 $d_{bw} \geqslant 0.4d_{bl.max}\sqrt{f_{ydl}/f_{ydw}}$ 公式，箍筋的最小直径约在（0.20～0.25）d 之间（d 为纵筋最大直径）。鉴于箍筋间距、肢距要求较小及四级抗震等级的延性要求较低，故箍筋最小直径小于纵筋最大直径的 1/5。

88 为什么配置高强箍筋的框架柱的纵向钢筋直径，一、二级抗震等级不应小于 18mm，其他情况不应小于 16mm?

答：尽管在大震作用下柱的纵筋可能屈服，但较粗的纵筋有利于配合箍筋提高对混凝土的约束作用。

89　柱中高强箍筋的配置应符合哪些规定？

答：柱中高强箍筋的配置应符合下列规定：

（1）柱加密区的箍筋最大间距和箍筋最小直径应符合表 2-8 的规定。

表 2-8　柱加密区的箍筋最大间距和箍筋最小直径

抗震等级	箍筋最大间距（mm）	箍筋最小直径（取较大值）（mm）
一级	50	7，$d/5$
二级	50	6，$d/5$
三级	60（底层柱 50）	5，$d/5$
四级	70（底层柱 50）	5，$d/5$

注：d 为纵向钢筋最大直径。

（2）框支柱和一级抗震等级的框架柱，高强箍筋肢距不应大于 150mm；二级抗震等级的框架柱，箍筋肢距不应大于 200mm；三、四级抗震等级框架柱的箍筋肢距不应大于 250mm。两根无双向拉结的纵向钢筋不得相邻。

（3）框架柱非加密区的箍筋间距不得大于加密区箍筋间距的 2 倍。

高强箍筋混凝土柱端塑性铰区的延性取决于高强箍筋对混凝土的约束效果，主要与高强箍筋的间距、配箍率、配箍形式等影响因素有关。在现行有关标准规定的基础上，依据国内外试验研究结果，为保证高强箍筋对混凝土的约束效果和柱端塑性铰区的延性，防止纵向钢筋压屈和保证受剪承载力，提出了柱端高强箍筋加密区的构造要求。

90　高强连续箍筋加工时弯曲半径有何要求？

答：高强连续箍筋宜采用机械自动成型，当采用人工成型时，应对工人进行培训且合格。箍筋加工时弯曲半径应符合下列要求：

（1）直径为7mm以下的高强钢筋的弯弧内直径不应小于高强钢筋直径的6倍；

（2）直径为7mm及以上的高强钢筋的弯弧内直径不应小于高强钢筋直径的8倍。

91 为什么高强箍筋与纵向钢筋之间应采用绑扎固定，严禁采用焊接固定？

答：箍筋与主筋之间的焊接一般采用点焊点形式，这种焊接对母材损害较大，焊接部位的钢筋物理性能变化较大，特别是对高强钢材更甚，因此对箍筋与主筋的固定不能采用焊接方式。

92 CRB600H钢筋用于蒸压加气混凝土受弯构件时，蒸压加气混凝土的强度等级如何选择？

答：CRB600H钢筋用于蒸压加气混凝土受弯构件时，蒸压加气混凝土的强度等级不应低于A3.5。值得注意的是，用于墙板的蒸压加气混凝土的抗压强度变异系数不应大于0.12；用于屋面板或楼板时强度变异系数不应大于0.10。

93 蒸压加气混凝土配筋板材可采用CRB600H钢筋吗？为什么？

答：对配置了CRB600H钢筋板的构件试验后表明，当采用CRB600H钢筋后，钢筋与制品的锚固效果相当理想，使裂缝分布形式得到了很大改善，即配置光圆钢筋时裂缝间距由120～140mm改为配置CRB600H钢筋后的60～80mm，缝的形态由宽而疏变为细而密，充分体现了CRB600H钢筋的锚固效果。此外，采用了这种钢筋后，其设计强度及延性的提高也很具优势，此举可获取理想的经济效益。

94 如何计算配置了 CRB600H 钢筋的蒸压加气混凝土受弯构件的正截面承载力？

答：蒸压加气混凝土配筋受弯板材在正常使用极限状态下的挠度应按荷载效应标准组合，并考虑荷载长期作用影响的刚度 B，按弹性方法计算。所得最大挠度计算值不应超过 $l_0/200$（l_0为板材的计算跨度）。其正截面承载力（图 2-8）应按式（2-6）计算：

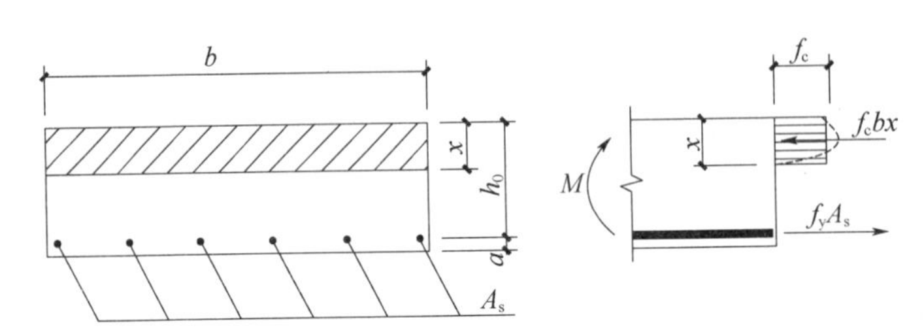

图 2-8　配筋受弯板材正截面承载力计算简图

$$M \leqslant 0.75 f_c bx\left(h_0-\frac{x}{2}\right) \tag{2-6}$$

受压区高度可按下列公式确定：

$$f_c bx = f_y A_s \tag{2-7}$$

并应符合条件：

$$x \leqslant 0.5 h_0 \tag{2-8}$$

即单面受拉钢筋的最大配筋率为：

$$\rho_{max} = 0.5\frac{f_c}{f_y} \times 100\% \tag{2-9}$$

式中：M——弯矩设计值；

f_c——蒸压加气混凝土的抗压强度设计值；

b——板材截面宽度；

h_0——截面有效高度（图中 a 为受拉钢筋截面中心到板底的距离）；

x——蒸压加气混凝土受压区的高度；

f_y——纵向受拉钢筋的强度设计值；

A_s——纵向受拉钢筋截面面积。

当采用热轧光圆钢筋时，受拉钢筋的最小配筋率 $\rho_{min}=0.20$；采用 CRB600H 钢筋时，受拉钢筋的最小配筋率 $\rho_{min}=0.15$。

95 蒸压加气混凝土矩形截面的受弯构件进行承载力计算时，有表格查 ξ、γ_0、A_0 吗？

答：有，见表 2-9。

表 2-9 配筋蒸压加气混凝土矩形截面受弯构件承载力表

ξ	γ_0	A_0	ξ	γ_0	A_0
0.01	0.995	0.010	0.12	0.940	0.113
0.02	0.990	0.020	0.13	0.935	0.121
0.03	0.985	0.030	0.14	0.930	0.130
0.04	0.980	0.039	0.15	0.925	0.139
0.05	0.975	0.048	0.16	0.920	0.147
0.06	0.970	0.058	0.17	0.915	0.155
0.07	0.965	0.067	0.18	0.910	0.164
0.08	0.960	0.077	0.19	0.905	0.172
0.09	0.955	0.086	0.20	0.900	0.180
0.10	0.950	0.095	0.21	0.895	0.188
0.11	0.945	0.104	0.22	0.890	0.196
0.23	0.885	0.203	0.37	0.815	0.301
0.24	0.880	0.211	0.38	0.810	0.308
0.25	0.875	0.219	0.39	0.805	0.314
0.26	0.870	0.226	0.40	0.800	0.320
0.27	0.865	0.234	0.41	0.795	0.326
0.28	0.860	0.241	0.42	0.790	0.332
0.29	0.855	0.248	0.43	0.785	0.337
0.30	0.850	0.255	0.44	0.780	0.343

续表

ξ	γ_0	A_0	ξ	γ_0	A_0
0.31	0.845	0.262	0.45	0.775	0.349
0.32	0.840	0.269	0.46	0.770	0.354
0.33	0.835	0.275	0.47	0.765	0.360
0.34	0.830	0.282	0.48	0.760	0.365
0.35	0.825	0.289	0.49	0.755	0.370
0.36	0.820	0.295	0.50	0.750	0.375

注：1. 表中 $\xi=\frac{x}{h_0}=\frac{f_yA_s}{f_cbh_0}$，$\gamma_0=1-\frac{\xi}{2}=\frac{\gamma_{TA}M}{f_yA_sh_0}$，$A_0=\xi\gamma_0=\frac{\gamma_{RA}M}{f_cbh_0^2}$，$A_s=\xi\frac{f_c}{f_y}bh_0$，或 $A_s=\frac{\gamma_{RA}M}{\gamma_0f_yh_0}$，$M=\frac{A_0}{\gamma_{RA}}f_cbh_0^2$。

2. γ_{RA} 为蒸压加气混凝土构件承载力调整系数，取 1.33。

96　如何理解蒸压加气混凝土配筋受弯板材正截面承载力计算公式中的系数取值为 0.75?

答：考虑到蒸压加气混凝土与普通混凝土的材性差异，以及构件在运输、吊装、建造过程中可能受到损伤等不利因素，在构件承载力的极限状态设计基本公式中引入一个调整系数 γ_{RA}，考虑了近年来蒸压加气混凝土配筋板材的制作质量，将 $1/\gamma_{RA}$ 定为 1/1.33，1/1.33=0.75 就是该系数的由来。

97　如何验算配筋蒸压加气混凝土受弯板材的截面抗剪承载力?

答：配筋蒸压加气混凝土受弯板材的斜截面抗剪承载力，可按式（2-10）进行验算：

$$V\leqslant 0.45f_tbh_0 \qquad (2\text{-}10)$$

式中：　V——剪力设计值；

f_t——蒸压加气混凝土劈拉强度设计值。

需指出的是，配筋蒸压加气混凝土受弯板材厚度一般不小于 200mm，因此一般均能满足斜截面抗剪承载力要求。

98　如何计算配筋蒸压加气混凝土受弯板材的刚度？

答：配筋受弯板材在荷载效应标准组合下的短期刚度 B_s，按式（2-11）、式（2-12）计算：

$$B_s = 0.85E_c I_0 \tag{2-11}$$

式中：E_c——蒸压加气混凝土板的弹性模量；

I_0——换算截面的惯性矩。

当考虑荷载长期作用的影响时，板材的刚度 B 可按式（2-12）计算：

$$B = \frac{M_k}{M_q(\theta - 1) + M_k} = B_s \tag{2-12}$$

式中：M_k——可按荷载效应的标准组合计算的跨中最大弯矩值；

M_q——按荷载效应的准永久组合计算的跨中最大弯矩值；

θ——考虑荷载长期作用对挠度增大的影响系数，在一般情况下可取 2.0。

99　蒸压加气混凝土受弯构件的基本配筋方式如何？

答：蒸压加气混凝土板材宜采用直径为 5～12mm 的 CRB600H 钢筋。由于蒸压加气混凝土的强度较低，材质较普通混凝土酥松，在构件的制作、运输和吊装过程中容易出现裂缝或边角损伤。为了减少损耗，一般在板材的上部（受压区）都配有少量纵向构造筋。即蒸压加气混凝土屋（楼）面板内钢筋分为受压钢筋网片（上）和受拉钢筋网片（下），上下网片通过固定卡件来固定位置，以确保保护层的准确性。网片配置一般方式如图 2-9 所示：

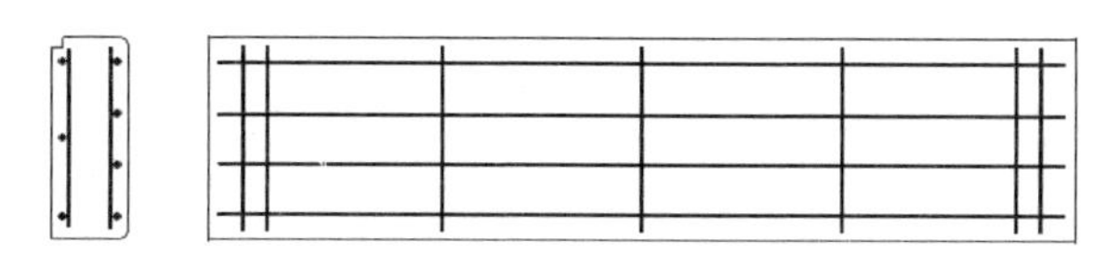

图 2-9　蒸压加气混凝土板钢筋网片图

一般根据板的跨度，设计成不同板厚和配筋率。钢筋网片的受力钢筋端头，焊接与主筋相同直径的3根横向的锚固筋，故其焊接质量便成了构件质量的关键，即一定要按现行行业标准《钢筋焊接及验收规程》（JGJ 18）进行操作与验收。

100　蒸压加气混凝土板如何配置CRB600H钢筋？

答：（1）配有CRB600H高延性高强钢筋的蒸压加气混凝土板材，钢筋宜采用直径为5～10mm。

（2）配有CRB600H高延性高强钢筋的蒸压加气混凝土受弯板材上部钢筋网片的纵向钢筋不应少于2根，两端应各有1根横向锚固钢筋，直径与上部主筋相同。

（3）蒸压加气混凝土隔墙板配有CRB600H高延性高强钢筋时，墙板不应采用单排配筋网片；板纵向钢筋每片网片不应少于3根直径为5mm的钢筋，分布横向钢筋宜采用直径为5mm的钢筋，其间距宜为500～600mm。

（4）蒸压加气混凝土外墙墙板配有CRB600H高延性高强钢筋时，应通过计算确定并应保证每块板钢筋网片的纵向钢筋不应少于3根，分布横向钢筋宜采用直径为5mm的钢筋，其间距宜为300～500mm。

101　为什么蒸压加气混凝土配筋板材钢筋网或骨架应焊接而不得采用绑扎？

答：在普通混凝土受弯构件中，混凝土和钢筋两种不同性能的材料能够共同工作的基础，就是两者之间存在着黏结力。由试验研究可知，钢筋与普通混凝土之间的黏结力为2.5～4.0N/mm^2。而蒸压加气混凝土由于自身强度较低且为多孔结构，钢筋和蒸压加气混凝土之间的黏结力也相应较低。试验研究表明，钢筋与蒸压加气混凝土之间的黏结力为1.5～2.0N/mm^2，而受弯板材的结构性能试验结果则为0.8～1.5N/mm^2。蒸压加气混凝土屋（楼）面板作为受弯构件，截面上的拉力均由下部所配置的受拉钢筋承担，钢筋能否与蒸压加气混凝土构件共同工作，钢筋强度能否被充分利用，全靠钢筋在蒸压加气混凝土内的锚固性能来保证。因此，为了保证配筋蒸压加气混凝土受弯构件在受力过程中，受拉主筋不致滑移而能够与蒸压加气混凝土共同工作，受拉主筋与横向钢筋必须采用焊接而不用绑扎。

由于采用了 CRB600H 钢筋，钢筋上的肋增加了钢筋和蒸压加气混凝土之间的黏结力，这也是笔者推荐应用 CRB600H 钢筋的重要原因。

102　配置了 CRB600H 钢筋的蒸压加气混凝土屋面板内的受拉主筋如何满足锚固要求？

答：为了确保受拉主筋不致滑移而能够与蒸压加气混凝土共同工作，受拉主筋的末端应焊接横向锚固钢筋。关于横向钢筋根数的确定，瑞典是作为构造要求规定的，即规定在受力主筋末端焊接 3 根与主筋直径相同的横向钢筋，横向钢筋的间距为 70mm；德国及俄罗斯标准则规定需按计算结果来确定横向钢筋的根数。我国的研究表明：当横向锚固钢筋为 2 根时，都发生在钢筋锚固破坏；当横向锚固钢筋为 3 根时，绝大部分板材试件都是发生受弯破坏。因此我国行业标准均规定板的末端焊接 3 根、间距为 70mm 与主筋直径相同的横向锚固钢筋。

103　蒸压加气混凝土板材中的钢筋网片为什么必须用防锈剂进行处理？

答：蒸压加气混凝土板材由于体内存有大量空隙，板内所配置的钢筋极易受到周围环境及空气介质（如：湿气、氧气、二氧化碳气体、电解液等）的化学作用或电化学作用而产生锈蚀，钢筋的锈蚀将对配筋构件构成极大的危害，严重威胁到板材的安全性及耐久性。调查发现，诸多板材生产企业采用的钢筋防腐剂是劣质的，有的是企业自行勾兑或采购的一些民间配方，而造成握裹性差、锈蚀严重的后果，这种防锈剂用于蒸压加气混凝土配筋板材将会带来严重的安全隐患，对此应有所警觉。由于蒸压加气混凝土制品的低碱度（未碳化时的 pH 值为 9 左右），不能使钢筋表面形成钝化膜而阻止钢筋锈蚀，这无疑会使板内钢筋的锈蚀加速。我国各地在应用蒸压加气混凝土配筋板材的过程中，曾发生过某些未进行钢筋防锈处理或处理效果欠佳的板材因钢筋锈蚀而出现板材开裂、板材保护层脱落，并造成毁物伤人的恶性事故，所以必须用合格的防锈剂对钢筋网片进行处理。蒸压加气混凝土板内钢筋应进行防锈处理，防锈剂与制品的粘接强度按现行行业标准《蒸压加气混凝土板钢筋涂层防锈性能试验方法》（JC/T 855）进行检测，粘接强度应符合现行国家标准《蒸压加气混凝土板》（GB 15762）的规定。

104　CRB600H 钢筋适用于砌体结构的哪些部位？

答：砌体结构承重墙或砌体填充墙拉结筋或拉结网片，圈梁配筋、构造柱（芯柱）配筋以及配筋砌体的受力钢筋均可采用 CRB600H 高延性高强钢筋。

105　配有 CRB600H 钢筋的砌体设计应当满足什么要求？

答：（1）采用水平配筋的砖砌体和钢筋混凝土构造柱组合墙体竖向截面的总水平纵向钢筋的配筋率不应小于 0.07%，且不大于 0.12%。网状配筋砖砌体中的体积配筋率不应小于 0.1%，且不应大于 1%。钢筋网的间距不应大于 5 皮砖，并不应大于 400mm。

（2）砌体中钢筋的保护层厚度，应符合下列规定：

1）配筋砌体中钢筋的最小混凝土保护层应符合表 2-10 的规定；

2）灰缝中钢筋外露砂浆保护层的厚度不应小于 15mm；

3）所有钢筋端部均应有与对应钢筋的环境类别条件相同的保护

层厚度。

表 2-10　钢筋的最小保护层厚度（mm）

环境类别	混凝土强度等级			
	C20	C25	C30	C35
	最低水泥含量（kg/m³）			
	260	280	300	320
1	20	20	20	20
2	—	25	25	25
3	—	40	40	30
4	—	—	40	40
5	—	—	—	40

注：1. 砌体结构的环境类别按现行国家标准《砌体结构设计规范》（GB 50003）选取。
2. 当采用防渗砌体块体和防渗砂浆时，可以考虑部分砌体（含抹灰层）的厚度作为保护层，但对环境类别 1、2、3，其混凝土保护层的厚度分别不应小于 10mm、15mm 和 20mm。
3. 钢筋砂浆面层的组合砌体构件的钢筋保护层厚度宜比上述规定的混凝土保护层厚度数值增加 5～10mm。
4. 对安全等级为一级或设计使用年限为 50 年以上的砌体结构，钢筋保护层的厚度应至少增加 10mm。

106　砌体结构中圈梁的纵向钢筋应当如何配置?

答：圈梁纵向钢筋数量不应少于 4 根，直径不应小于 10mm，绑扎接头的搭接长度按受拉钢筋考虑，箍筋间距不应大于 300mm。圈梁兼作过梁时，过梁部分的钢筋应按计算确定。

107　构造柱的钢筋应当如何配置?

答：构造柱纵向配筋宜采用 4 根，直径为 12mm，箍筋直径可采用 6mm，间距不宜大于 250mm，且在柱上、下端适当加密。应当在构造柱上预留 CRB600H 拉结钢筋，其规格、尺寸、数量及位置应准确，拉结钢筋应不少于 2 根，直径不小于 4mm，沿墙高间距不大于 600mm（对于蒸压加气混凝土砌块或混凝土空心砌块墙体不得大于2皮），伸入墙内不宜小于1000mm，钢筋的竖向移位不应超过100mm，且竖向移位不得超过2处。

108 蒸压加气混凝土砌块砌体多层房屋承重墙体的内墙与外墙交接处应如何配筋？

答：应沿墙高每两皮的水平灰缝内设置不少于2根直径为4mm的CRB600H拉结钢筋，伸入墙体内的直线长度不应少于1m。

109 配筋砌体应如何配置CRB600H钢筋？

答：配筋砌体的钢筋的设置应符合下列规定：

1）设置在灰缝中钢筋的直径不宜大于灰缝厚度的1/2。

2）水平纵向钢筋净距不应小于50mm。

3）柱和壁柱中的竖向钢筋的净距不宜小于40mm（包括接头处钢筋间的净距）。

110 配筋砌体中钢筋接头应符合什么规定？

答：配筋砌体的钢筋接头应符合下列规定：

1）钢筋的接头位置宜设置在受力较小处。

2）受拉钢筋的搭接接头长度不应小于$1.1l_a$，受压钢筋的搭接接头长度不应小于$0.7l_a$，且不应小于300mm。

3）当相邻接头钢筋的间距不大于75mm时，其搭接长度应为$1.2l_a$；当钢筋间的接头错开$20d$时，搭接长度可不增加。

111 CRB600H网状配筋砖砌体构件的构造应符合哪些规定？

答：（1）体积配筋率不应小于0.1%，且不应大于1%。

（2）采用钢筋网时，钢筋的直径宜采用5mm，其间距不应大于120mm，且不应小于30mm。

（3）钢筋网的间距，不应大于5皮砖，且不应大于400mm。

（4）网状配筋砖砌体的钢筋网应设置在砌体的水平灰缝中，灰缝厚度应保证上下至少各有2mm厚的砂浆层。

112 配筋砌块砌体剪力墙的构造配筋应如何配置？

答：（1）应在墙的转角、端部和孔洞的两侧配置竖向连续的钢筋，钢筋直径应为12mm。

（2）应在洞口的底部和顶部设置不小于2根直径10mm的水平钢筋，其伸入墙内的长度不应小于40d或600mm。

（3）圈梁主筋应采用4根直径12mm钢筋，其他部位的竖向和水平钢筋的间距不应大于墙长、墙高的1/3，且不应大于900mm。

（4）剪力墙沿竖向和水平方向的构造钢筋配筋率均不应小于0.1%。

113 什么是钢筋网？

答：钢筋网又称焊接钢筋网、钢筋焊接网、钢筋焊网、钢筋焊接网片、钢筋网片等，是纵向钢筋和横向钢筋分别以一定的间距排列且互成直角、全部交叉点均焊接在一起的网片。而高延性冷轧带肋钢筋焊接网则是采用直径为ϕ5～ϕ12的CRB600H钢筋，利用电阻点焊焊在一起的钢筋网片。

114 钢筋网是如何分类的？

答：钢筋网按原材料可分为：冷轧带肋钢筋网、冷拔光圆钢筋网、热轧带肋钢筋网，其中冷轧带肋钢筋网应用最广泛。钢筋网按钢筋的牌号、直径、长度和间距分为定型钢筋网和定制钢筋网两种。工程实践表明，CRB600H钢筋由于其具有理想的高强度和较高的延性，应当是钢筋网的最优选择。

钢筋网又分为多个系列，即：钢筋焊接网片、建筑焊接网片、带肋焊接网片、煤矿焊接网片、煤矿用轧花网焊接网片、不锈钢焊接网片、装饰网片、带肋钢筋、箍筋、砖带网、电焊网、地热网等。

115 钢筋网的理论重量计算公式是什么？

答：钢筋网理论重量（kg）＝钢筋网所用钢筋长度（m）×直径（mm）×直径（mm）×0.00617（ϕ10 钢筋 0.616539kg/m）。

116 CRB600H 钢筋焊接网的发展前景如何？

答：钢筋焊接网在我国的应用尚处于起步阶段，目前应用量所占钢筋总用量的比例不到 1/10。在 20 世纪 90 年代初，钢筋焊接网才被当时的国家科委、建设部列为重点推广项目，并制定了国家产品标准及应用技术规程。我国的基础建设发展很快，国家对基础建设的投资持续增长；实施西部大开发、振兴东北老工业基地、推进一带一路建设等战略，国家经济建设已经进入发展的新阶段，能源、交通、水利、农业、住房和市政工程等基本建设对钢筋焊接网的需求必将成倍增长，其市场应用前景非常广阔。钢筋焊接网适合工厂化、规模化生产，是效益高、符合环境保护要求、适应建筑业工业化发展趋势的新兴产业。而新研发出来的高延性高强钢筋——CRB600H 无疑将会成为钢筋焊接网的最优选择，从而实现建设用钢的新进步。主要原由为：

1）钢筋施工走焊接网道路是世界钢筋工业发展的潮流，而选择 CRB600H 钢筋将会使焊接网的性价比成为最优。

2）钢筋网这种新型配筋形式，特别适用于大面积混凝土工程。

3）我国 CRB600H 钢筋广泛、快速的推广应用，为焊接网发展提供良好的物质基础。焊接网产品国家标准《钢筋混凝土用钢　第 3 部分：钢筋焊接网》（GB/T 1499.3）、应用技术的行业标准《钢筋焊接网混凝土结构技术规程》（JGJ 114）、行业标准《公路水泥混凝土路面设计规范》（JTG D40）、《公路隧道设计规范》（JTG D70）等标准的正式颁布施行，对于提高产品质量、加速 CRB600H 钢筋推广应用起到了积极作用。

4）我国市场对钢筋网需求潜力很大，当前大力推广的装配式建筑呼唤优质的钢筋焊接网片。

5）钢筋网在审美上令人喜爱，方便施工，能大幅度降低劳动强度。

6）我国是世界钢材大国，CRB600H 钢筋有着巨大的原材料资源。

7）钢筋网在国内的发展已经具备了软、硬条件。

117　行业标准《钢筋焊接网混凝土结构技术规程》（JGJ 114）规定钢筋焊接网片应当采用电阻点焊工艺，请介绍一下电阻点焊工艺的特点。

答：电阻点焊利用点焊机进行交叉钢筋的焊接，可成型为钢筋网片或骨架，以代替人工绑扎。同人工绑扎相比较，电焊具有功效高、节约劳动力、成品整体性好、节约材料、降低成本等特点。点焊采用的点焊机为多点点焊机和悬挂式点焊机（能任意移动、可焊接各种几何形状的大型钢筋网片和钢筋骨架）。

118　请简单介绍钢筋网的焊接技术。

答：钢筋网焊接应采用专用的 GWC 焊网机，焊接程序均由计算机自动控制生产，焊接网孔均匀，焊接质量良好，应保证焊接前后钢筋的力学性能几乎没有变化。

119　CRB600H 钢筋焊接网可以用于什么样的工程？

答：CRB600H 钢筋焊接网适用于工业与民用建筑、市政工程、公路桥梁、高速铁路、港工、水工及一般构筑物的板类构件、墙体、桥面铺装、路面、涵洞、高速铁路预制箱梁顶部铺装层、双块式轨枕、轨道底座、梁柱的焊接笼、城市地铁衬砌、港口码头堆场、农田水利设施等混凝土工程，也可应用于砌体房屋的构造拉结及配筋砌体的受力钢筋。

随着装配式建筑的大力推广，CRB600H 钢筋焊接网有极大的发展空间，如目前大量推广应用的压型钢板或钢筋桁架板作底模，上铺钢筋焊接网现浇混凝土构成共同受力的叠合楼板等。

120　钢筋网在公路水泥混凝土路面工程的应用情况如何？

答：钢筋混凝土路面用钢筋网的最小直径及最大间距应符合现行行业标准《公路水泥混凝土路面设计规范》（JTG D40）的规定。当采用 CRB600H 钢筋时，钢筋直径不应小于 8mm、纵向钢筋间距不应大于 200mm、横向钢筋间距不应大于 300mm。焊接网的纵、横向钢筋宜采用相同的直径，钢筋的保护层厚度不应小于 50mm。钢筋混凝土路面补强用的焊接网可按钢筋混凝土路面用焊接网的有关规定执行，以下几点应重点考虑：

（1）混凝土路面与固定构造物相衔接的胀缝无法设置传力杆时，可在毗邻构造物的板端部内配置双层钢筋网；或在长度约为 6～10 倍板厚的范围内逐渐将板厚增加 20%。

（2）混凝土路面与桥梁相接，桥头设有搭板时，应在搭板与混凝土面层板之间设置长 6～10mm 的钢筋混凝土面层过渡板。当桥梁为斜交时，钢筋混凝土板的锐角部分应采用相同类别的钢筋网补强。

（3）混凝土面层下有箱形构造物横向穿越，其顶面至面层底面的距离小于 400mm 或嵌入基层时，在构造物顶宽及两侧，混凝土面层内应布设双层钢筋网，上下层钢筋网各距面层顶面和底面 1/4～1/3 厚度处。

混凝土面层下有圆形管状构造物横向穿越，其顶面至面层底面的距离小于 1200mm 时，在构造物两侧，混凝土面层内应布设单层钢筋网，钢筋网设在距面层顶面 1/4～1/3 厚度处。

121 钢筋网在桥梁工程的应用情况如何？

主要应用于市政桥梁和公路桥梁的桥面铺装、旧桥面改造、桥墩防裂等。通过国内上千座桥梁应用工程质量验收表明，采用焊接网，明显提高桥面铺装层质量，保护层厚度合格率达 97%以上，桥面平整度提高，桥面几乎无裂缝，铺装速度提高 50%以上，降低桥面铺装工程造价约 10%。桥面铺装层的钢筋网应使用焊接网或预制冷轧带肋钢筋网，不宜使用绑扎钢筋网。桥面铺装用钢筋网的直径及间距应依据桥梁结构形式及荷载等级确定。钢筋网间距可采用 100～200mm，其直径宜采用 6～100mm。钢筋网纵、横向宜采用相等间距，焊接网距顶面的保护层厚度不应小于 20mm。

122 钢筋网在隧道衬砌的应用情况如何？

答：根据国家标准《公路隧道设计规范》（JTG D70—2004）的规定，在喷射混凝土内应设带肋钢筋网，有利于提高喷射混凝土的抗剪和抗弯强度，提高混凝土的抗冲切能力、抗弯曲能力，提高喷混凝土的整体性，减少喷混凝土的收缩裂纹，防止局部掉块。钢筋网网格应按矩形布置，钢筋网的钢筋间距为 150～300mm。可采用 150mm×150mm、200mm×200mm、200mm×250mm、250mm×300mm、300mm×300mm 的组合方式。钢筋网的搭接长度不应小于 30d（d 为钢筋直径）。钢筋网的喷射混凝土保护层的厚度不得小于 20mm，当采用双层钢筋网时，两层钢筋网之间的间隔距离不应小于 60mm。

123 钢筋网有何技术规定？

答：当前应重点推广高延性冷轧带肋钢筋焊接网片（CRB600H 钢筋），一片焊接网宜采用同一类型的钢筋焊成。焊接网按形状、规格分为定型和定制两种。定型焊接网在两个方向上的钢筋间距和直径可以不同，但在同一个方向上的钢筋应具有相同的直径、间距和长度，已在有关标准、规程中做了规定。定制焊接网的形状、尺寸应根据设计和施工要求，结合具体工程情况，由供需双方协商确定。

焊接网钢筋直径为 4～14mm，其中可采用 0.5mm 进级直径。考虑运输条件，焊接网长度不宜超过 12m，宽度不宜超过 3.4m。焊接网制作方向的钢筋（或称纵筋）间距宜为 100mm、150mm、200mm，另一方向的钢筋间距一般为 100mm、150mm、200mm、300mm，有时可达 400mm。当焊接网纵、横向钢筋均为单根钢筋时，较细钢筋的公称直径应不小于较粗钢筋公称直径的 0.6 倍，即 $d_{min} \geqslant 0.6d_{max}$。焊接网焊点的抗剪力（单位为 N）应不小于 150 与较粗钢筋公称横截面积（单位为 mm^2）的乘积。

124　CRB600H 钢筋网的优势在哪里？

答：CRB600H 钢筋网的钢筋焊接执行的标准为：GB/T 1499.3—2002、BS 4483：1998。

钢筋间距为：50、75、100、125、172、200、225、250、275、325、350、372、400（mm）（以 100mm×100mm 为最常见）。

CRB600H 钢筋网节省钢筋用量：在同体积混凝土结构中，与普通Ⅰ级钢筋相比，冷轧钢筋及焊接网的设计强度值从 270MPa 提高到 430MPa，因而钢筋用量可相对减少 37％以上。另外，由于是工程自动化生产线制作，钢筋网的损耗微乎其微。

采用钢筋网片可以大幅提高工作效率：可省去现场钢筋调直、裁剪、逐条摆放等环节，节省工时可达 70％以上，大大简化了施工环节，加快了施工进度，缩短了施工周期。

降低工程成本：虽然钢筋焊接网单价高于散支钢筋。但是综合考虑材料用量、施工速度、人工费用、用料的损耗、现场加工费用、机械加工费用及场地等因素，可节省钢材 30％以上，缩短工期 50％～

70%，降低工程成本15%以上，具有相当可观的经济效益。

125 应用焊接网有哪些效果?

（1）提高工程质量

焊接网是实行工厂化生产的，CRB600H钢筋根据实际提供的网片编号、直径、间距和行业标准的要求，通过全自动智能化生产线制造而成。

1）网目间距尺寸、钢筋数量准确，克服了传统人工绑扎时由人工摆放钢筋造成间距尺寸误差大、绑扎质量出现漏扎、缺扣的现象。

2）焊接网刚度大、弹性好、焊点强度高、抗剪性能好，荷载可均匀分布于整个混凝土结构上，克服了原来绑扎Ⅰ级圆钢产生的强度低、平面刚度差、施工易被人员踩踏变形和位移，使截面有效高度发生变化，影响结构的承载能力和面筋保护过小等现象。

3）焊接网片由于采用纵、横钢筋电焊成网状结构，达到共同均匀受力起黏结锚固的目的，加上断面的横肋变形增强了与混凝土的握裹力，有效地阻止了混凝土裂纹的产生，提高了钢筋混凝土的内在质量。

（2）提高生产效率

焊接网将原来的现场制作的全部工序及90%以上的绑扎成型工序进行了工厂化生产，除保护了钢筋制作、绑扎的质量外，还大大缩短了工程的施工周期，1015m^{2}的焊接网铺设仅用60工时，比过去的人工绑扎少用70工时，节约人工工时54%，而且解决了工程现场施工地狭小和调直钢筋时所产生的噪声污染等问题，促进了现场文明施工。

126 应用钢筋焊接网的经济效益怎样?

答：焊接网具有较好的综合经济效益，CRB600H钢筋的设计强度为430N/mm^2，比Ⅰ级钢筋（光面钢筋焊接网）高出60%多，考虑一些构造要求后仍可节省钢筋30%左右，再加上直径12mm以下散支钢筋加工费均为材料费的10%～15%。综合考虑（与Ⅰ级钢筋相比），可降低钢筋工程造价12%左右。

127 钢筋焊接网对CRB600H钢筋的材料性能要求是什么？

答：钢筋焊接网是指在工厂用专门的焊网设备制造，采用符合现行国家标准《钢筋混凝土用钢 第3部分：钢筋焊接网》（GB/T 1499.3）规定的焊接网片。钢筋应符合现行国家标准《冷轧带肋钢筋》（GB 13788）规定的CRB550冷轧带肋钢筋和符合现行行业标准《高延性冷轧带肋钢筋》（YB/T 4260）规定的CRB600H高延性冷轧带肋钢筋。

128 CRB600H钢筋焊接网的种类及布网设计要求是什么？

答：钢筋焊接网主要分为定型焊接网和非定型焊接网两种。定型焊接网在网片的两个方向上钢筋的直径和间距可以不同，但在同一方向上的钢筋宜有相同的直径、间距和长度。网格尺寸为正方形或矩形，网片的长度和宽度可根据设备生产能力或由工程设计人员确定。考虑到工程中板、墙构件的各种可能配筋情况，行业标准《钢筋焊接网混凝土结构技术规程》（JGJ 114）附录A根据直径和网格尺寸推荐了包括11种纵向钢筋直径和6种网格尺寸组合的定型钢筋焊接网（见该规程附录A表A）。

近些年，随着我国焊接网行业发展和工程应用经验积累，在上述定型焊接网基础上，借鉴欧洲一些国家应用标准焊接网的经验，经过优化筛选，结合我国实际情况，初步推荐了包括5种钢筋直径、10种型号的建筑用标准钢筋焊接网（表2-11），供参考。搭接形式可根据工程具体情况而定。搭接长度应按《钢筋焊接网混凝土结构技术规程》（JGJ 114）第5.1.7条的规定，混凝土的强度等级按C30考虑。

表 2-11　建筑用标准钢筋焊接网

序号	网片编号	网片型号		网片尺寸		伸出长度				单片焊接网		
		直径（mm）	间距（mm）	纵向（mm）	横向（mm）	纵向钢筋（mm）		横向钢筋（mm）		纵向钢筋根数（根）	横向钢筋根数（根）	重量（kg）
1	JW-la	6	150	6000	2300	75	75	25	25	16	40	41.74
2	JW-lb	6	150	5950	2350	25	375	25	375	14	38	38.32
3	JW-2a	7	150	6000	2300	75	75	25	25	16	40	56.78
4	JW-2b	7	150	5950	2350	25	375	25	375	14	38	52.13
5	JW-3a	8	150	6000	2300	75	75	25	25	16	40	74.26
6	JW-3b	8	150	5950	2350	25	375	25	375	13	37	64.90
7	JW-4a	9	150	6000	2300	75	75	25	25	16	40	93.81
8	JW-4b	9	150	5950	2350	25	375	25	375	13	37	81.99
9	JW-5a	10	150	6000	2300	75	75	25	25	16	40	116.00
10	JW-5b	10	150	5950	2350	25	375	25	375	13	37	101.37

非定型焊接网一般根据具体工程情况，其网片形状、网格尺寸、钢筋直径等，应考虑加工方便、尽量减少型号、提高生产效率等因素，由焊网厂的布网设计人员确定。

129　CRB600H钢筋焊接网的钢筋强度标准值是如何确定的？

答：焊接网钢筋的强度标准值应由钢筋屈服强度确定，用 f_{yk} 表示。对于无明显屈服点的CRB600H钢筋，屈服强度标准值相当于钢筋标准《高延性冷轧带肋钢筋》（YB/T 4260）中的屈服强度值 $R_{p0.2}$。

虽然直接从二面肋冷轧机中供应（不经过盘卷）的CRB600H直条钢筋有明显的屈服点，但在自动连续式的焊接网生产中，还会将钢筋先做成盘卷，然后连续矫直、切断，焊成网片，这时CRB600H钢筋又成为无明显屈服点的钢筋。在进行结构设计时，可能不清楚钢筋是否经过矫直；为使用方便，一般仍将 CRB600H 钢筋作为无明显屈服点钢筋使用，且偏于安全。

130　CRB600H 钢筋焊接网的钢筋直径在 5～12mm 范围内为什么采用 0.5mm 进级？

答：为了提高冷轧钢筋的性能，根据原材料的情况，CRB600H 钢筋直径在 5～12mm 范围内可采用 0.5mm 进级，这在国内外的焊接网工程中早有采用。从构件的耐久性考虑，直径 5mm 以下的钢筋不宜用作受力主筋。焊接网最大长度与宽度的规定，主要考虑焊网机的能力及运输条件的限制。焊接网沿制作方向的钢筋间距宜为 50mm 的整倍数，有时经供需双方商定也可采用其他间距（如 25mm 的整倍数）。制作方向的钢筋可采用两根并筋形式，在国外的焊接网中早已采用；与制作方向垂直的钢筋间距宜为 10mm 的整倍数，最小间距不宜小于 100mm，最大间距不宜超过 400mm。当双向板采用单向钢筋焊接网时，非受力钢筋间距不宜大于 1000mm。当有试验和实践依据时，可超出此直径范围。

131　CRB600H 钢筋焊接网是否可用于承受疲劳荷载构件？疲劳应力幅限值取多少？为什么？

答：近些年，冷轧带肋钢筋焊接网在高速铁路等结构中得到较多应用。冷轧带肋钢筋焊接网的疲劳性能研究，在国外已有 40 多年历史。早在 1972 年德国的钢筋产品标准 DIN 488 中对焊接网的疲劳性能指标就有所规定。在国外对焊接网疲劳性能的研究中，一般认为，当钢筋的最大应力不超过某值时，钢筋的应力循环次数主要与疲劳应力幅有关。例如，2001 年版德国钢筋混凝土结构设计规范（DIN 1045-1）对冷轧和热轧带肋钢筋焊接网规定，当钢筋的上限应力不超过 $0.6f_y$（f_y 为屈服强度）时，钢筋焊接网 200 万次的疲劳应力幅限值取 100MPa。2004 年版欧洲混凝土结构设计规范（EN

1992-1-1）中，对A级延性钢筋（对应我国CRB550钢筋）以及B级和C级钢筋（相当于我国的HRB400、HRB500等）规定，当焊接网钢筋上限应力不超过0.6f_y（对应CRB550钢筋相当于300MPa）时，焊接网钢筋200万次疲劳应力幅限值定为100MPa。国内对冷轧带肋、高延性冷轧带肋以及HRB400钢筋焊接网的疲劳试验结果表明，当钢筋的疲劳应力比不低于0.2，根据S-N曲线回归，并取95%保证率，满足200万次循环时，焊接网钢筋的疲劳应力幅远超过100MPa。

根据国外的有关标准规定和国内外大量试验结果，冷轧带肋钢筋焊接网可用于承受疲劳荷载构件。为稳妥起见，仅限用于板类构件，当钢筋最大应力不超过300MPa时，满足200万次循环的情况下，冷轧带肋（包括高延性和HRB400）钢筋焊接网疲劳应力幅限值取为100MPa是安全可靠的。

132　CRB600H钢筋混凝土连续板可否进行有限的线弹性内力重分布？为什么？

答：根据国内几个单位对二跨连续板和两跨连续梁的试验结果，冷轧带肋钢筋混凝土连续板在中间支座截面和跨中截面均具有较明显的内力重分布现象。虽然由于冷加工钢筋多为无明显屈服台阶的“硬钢”，不能达到充分的内力重分布，但可进行有限的线弹性内力重分布。欧洲规范EN 19921-1规定：对于A级延性的冷加工钢筋（相当于我国的CRB550），当混凝土的强度等级（f_{ck}）不超过50MPa、截面的相对受压区高度不大于0.288时，可进行不超过20%的弯矩重分配。德国规范DIN 1045-1规定：对于普通延性的冷加工钢筋，当混凝土强度等级（f_{ck}）不超过50MPa时，可采用不超过15%的弯矩重分布。

133　CRB600H钢筋混凝土连续板支座弯矩如何调幅？

答：参考国外的有关标准规定及国内试验结果，结合连续板在正常使用阶段裂缝宽度的限制条件以及考虑焊接网钢筋强度设计值的提高等因素，对于不直接承受动力荷载及不处于三 a、三 b 类环境下的冷轧带肋钢筋焊接网混凝土连续板，规定其支座弯矩调幅值不应大于按弹性体系计算值的 15%。

134 在正截面承载力计算时，遇到钢筋代换，如何求相对界限受压区高度？

答：在正截面承载力计算中，有时遇到钢筋代换，为简化计算，在求相对界限受压区高度 ξ_b 时，将《混凝土结构设计规范》（GB 50010—2010）中公式（6.2.7-1）及公式（6.2.7-2）中的 f_y 以各钢种相应的强度设计值代入，弹性模量也以相应值代入，并取 $\varepsilon_{cu}=0.0033$、$\beta_1=0.8$，当混凝土强度等级不超过 C50 时，对 CRB550 及 CRB600H 焊接网配筋构件，取 $\xi_b=0.36$。

135 CRB600H 钢筋焊接网板类构件在不同配筋率下计算的最大裂缝宽度与其他钢筋构件对比如何？不需要做最大裂缝宽度验算的钢筋直径范围是多少？

答：板类构件中钢筋焊接网常用的受力钢筋直径为 6～12mm，混凝土强度等级一般为 C20～C30。经计算分析，当混凝土强度等级为 C20、保护层厚度为 20mm（满足一类环境混凝土保护层的最小厚度规定）、受力钢筋直径为 10mm 和 12mm 时，得不同种类钢筋焊接网板类构件在不同配筋率下计算的最大裂缝宽度（表 2-12）。

表 2-12 不同直径钢筋计算的最大裂缝宽度

钢筋牌号	不同直径钢筋计算的最大裂缝宽度（mm）	
	钢筋直径 12mm	钢筋直径 10mm
CRB550	0.254	0.224
CRB600H	0.269	0.237
HRB400	0.215	0.190
HRB500	0.288	0.254

计算分析结果表明，在一类环境下不同种类钢筋焊接网的板类构件，当纵向受力钢筋直径不大于12mm、混凝土强度等级不低于C20、混凝土保护层厚度不大于20mm时，计算最大裂缝宽度均小于规定的裂缝宽度限值（0.3mm）。考虑到焊接网施工中钢筋搭接、位置偏差等因素对裂缝宽度的影响，偏于保守将不需要做最大裂缝宽度验算的钢筋直径规定为不大于10mm。

136 CRB600H钢筋焊接网作为墙体分布钢筋如何应用?

答：CRB600H焊接网不应用于抗震等级为一级的结构中，可用作抗震等级为二、三、四级的剪力墙底部加强部位以上的墙体分布钢筋。

137 CRB600H钢筋焊接网作为墙面的分布筋，其变形能力能否满足抗震要求?

答：对高延性冷轧带肋钢筋焊接网剪力墙进行了试验研究，结果表明：当合理设置边缘构件且边缘构件的纵筋采用热轧带肋钢筋、轴压比不超过《混凝土结构设计规范》（GB 50010）限值时，带肋钢筋焊接网作为墙面的分布筋，其变形能力满足抗震要求。

高延性冷轧带肋钢筋（CRB600H）焊接网剪力墙试验表明，试件均以混凝土破坏导致试件失效，钢筋没有发生断裂，说明该种焊接网作为剪力墙的水平、竖向分布筋能够满足抗震性能要求。轴压比依然是影响剪力墙抗震性能的主要因素之一。在相同轴压比下，工字形截面试件具有比带端柱试件更好的性能，一字形截面试件的性能相对较差。试件裂缝宽度达0.2mm和0.3mm时，试件的位移角均值分别为1/250和1/150。在14个试件中，除3个一字形截面试件外，其余试件的位移延性系数均超过3.0，极限位移角均大于1/100。处在二、三级抗震等级条件下，对于一字形截面剪力墙，轴压比不应大于0.5；对于翼缘单边肢长与墙厚之比大于1.5的工字形截面和带边框柱的剪力墙，轴压比不应大于0.6。为控制墙面裂缝不至过宽，网孔尺寸不宜大于300mm×300mm。

按现行行业标准《高层建筑混凝土结构技术规程》（JGJ 3）计算的正截面和斜截面承载力与实测的承载力基本相符。采用CRB600H钢筋焊接网的墙体试件，当其分布筋的最小配筋率、轴压比限值、边缘构件的设置符合《建筑抗震设计规范》（GB 50011—2010）规定的条件下，其承载能力和变形能力均能满足抗震性能的要求。高延性冷轧带肋钢筋焊接网可用于丙类建筑，抗震设防烈度不超过8度，抗震等级为二、三、四级剪力墙底部加强区以上的墙体分布筋。

138 CRB600H钢筋焊接网钢筋的抗拉强度设计值和抗压强度设计值与其他钢筋对比如何？

答：焊接网钢筋的抗拉强度设计值 f_y 和抗压强度设计值 f_y' 应按表2-13采用。做受剪、受扭、受冲切承载力计算时，箍筋的抗拉强度设计值大于360N/mm² 时应取360N/mm²。

表2-13 焊接网钢筋强度设计值（N/mm²）

钢筋牌号	符号	f_y	f_y'
CRB550	Φ^{R}	400	380
CRB600H	Φ^{RH}	415	380
HRB400	Φ	360	360
HRBF400	Φ^{F}	360	360
HRB500	Φ	435	410
HRBF500	Φ^{F}	435	410
CPB550	Φ^{CP}	360	360

139 CRB600H钢筋焊接网纵向受拉钢筋的锚固长度有何规定？与其他钢筋比较如何？

答：带肋钢筋焊接网纵向受拉钢筋的锚固长度 l_a 应符合表2-14

的规定，并应符合下列规定：

1）当锚固长度内有横向钢筋时，锚固长度范围内的横向钢筋不应少于一根，且此横向钢筋至计算截面的距离不应小于 50mm（图 2-10）。

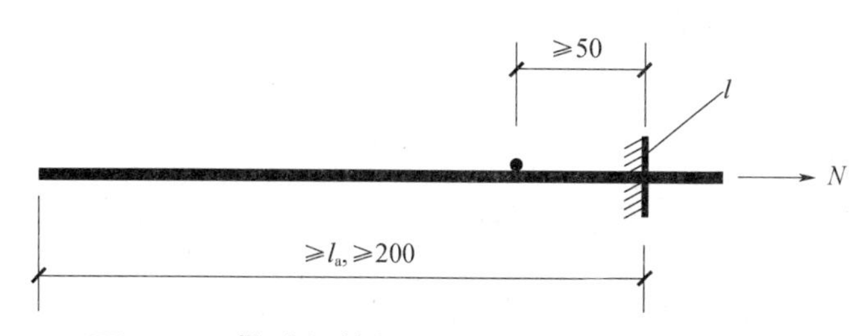

图 2-10　带肋钢筋焊接网纵向受拉钢筋的锚固

1—计算截面；N—拉力

2）当焊接网中的纵向钢筋为并筋时，锚固长度应按单根等效钢筋进行计算，等效钢筋的直径按截面面积相等的原则换算确定，两根等直径并筋的锚固长度应按表 2-14 中的数值乘以系数 1.4 后取用。

3）当锚固区内无横筋，焊接网中的纵向钢筋净距不小于 $5d$ 且纵向钢筋保护层厚度不小于 $3d$ 时，表 2-14 中钢筋的锚固长度可乘以 0.8 的修正系数，但不应小于 200mm。

4）在任何情况下的锚固长度不应小于 200mm。

表 2-14　带肋钢筋焊接网纵向受拉钢筋的锚固长度 l_a（mm）

钢筋焊接网类型		混凝土强度等级				
		C20	C25	C30	C35	≥C40
CRB550、CRB600H、HRB400、HRBF400 钢筋焊接网	锚固长度内无横筋	$45d$	$40d$	$35d$	$32d$	$30d$
	锚固长度内有横筋	$32d$	$28d$	$25d$	$22d$	$21d$
HRB500、HRBF500 钢筋焊接网	锚固长度内无横筋	$55d$	$48d$	$43d$	$39d$	$36d$
	锚固长度内有横筋	$39d$	$34d$	$30d$	$27d$	$25d$

注：d 为纵向受力钢筋直径（mm）。

第三章　施工与验收篇

140　为什么可以将 CRB600H 高强钢筋称为抗裂钢筋？

答：抗裂钢筋是钢筋混凝土结构中，按照构造需要而设置的钢筋，是相对于受力钢筋而言。构造钢筋不承受主要的作用力，只起维护、拉结、分布作用。因为 CRB600H 高强钢筋的直径不大于 12mm，属于小直径钢筋，可以多配置，由此加强混凝土与钢筋的黏合力对裂缝控制有利。这种小直径抗裂钢筋的加入或参与工作，有能控制混凝土的裂缝，增加混凝土结构的延性等好处。

141　遇到什么情况时要考虑设置抗裂钢筋？

答：当遇到以下情况时需要设置抗裂钢筋：

1）对裂缝有严格的限制时；

2）有温度应力且引起裂缝时；

3）有防水要求时；

4）其他需要抗裂的情况。

142　如何理解《混凝土结构设计规范》（GB 50010）第 9.1.8 条“在温度、收缩应力较大的现浇板区域，应在板的表面双向配置防裂构造钢筋”的规定？

答：现行国家标准《混凝土结构设计规范》（GB 50010—2010）第 9.1.8 条规定：在温度、收缩应力较大的现浇板区域，应在板的表面双向配置防裂构造钢筋，且要求配筋率均不宜小于 0.1%，间距不宜大于200mm。设计人员会对什么区域属于温度、收缩应力较大的区域感到困惑。笔者认为：对于规则且较短的建筑物，我们可以在各楼面边跨及屋面层设置相应的温度应力钢筋；而对于超长结构，则建议在超长结构的长向均应设置双层钢筋。这里，CRB600H小直径高强钢筋就成为最佳选择。

143　何谓架立筋？

答：架立筋是指梁内起架立作用的钢筋，从字面上理解即可。架立筋的主要功能是当梁上部纵筋的根数少于箍筋上部的转角数目时使箍筋的角部有支承。所以架立筋就是将箍筋架立起来的纵向构造钢筋。

144　架立钢筋与受力钢筋的区别是什么？

答：架立钢筋是根据构造要求设置，通常直径较细、根数较少；而受力钢筋则是根据受力要求按计算设置，通常直径较粗、根数较多。受压区配有架立钢筋的截面，不属于双筋截面。

现行国家标准《混凝土结构设计规范》（GB 50010）规定：梁内架立钢筋的直径，当梁的跨度小于4m时，不宜小于8mm；当梁的跨度为4～6m时，不宜小于10mm；当梁的跨度大于6m时，不宜小于12mm。

145　剪力墙开洞以后，除了补强钢筋以外，其纵向和横向钢筋在洞口切断端如何做法？

答：钢筋打拐扣过加强筋，直钩长度≥15d且与对边直钩交错不小于5d并绑在一起；当因墙的厚度较小或墙水平钢筋直径较大，致使水平设置的15d直钩长出墙面时，可伸至保护层位置为止。

146 剪力墙的水平分布筋在外面，还是竖向分布筋在外面？地下室如何布置？

答：在结构设计受力分析计算时，不考虑构造钢筋和分布钢筋受力，但在钢筋混凝土结构中不存在绝对不受力的钢筋，构造钢筋和分布钢筋有其自身的重要功能，在节点内通常有满足构造锚固长度、端部是否弯钩等要求；在杆件内通常有满足构造搭接长度、布置起点、端部是否弯钩等要求。分布钢筋通常为与板中受力钢筋绑扎、直径较小、不考虑其受力的钢筋。

应当说明的是，习惯上所说的剪力墙，就是《建筑抗震设计规范》（GB 50011）中的抗震墙，称其钢筋为"水平分布筋"和"竖向分布筋"是历史沿袭下来的习惯，其实剪力墙的水平分布筋和竖向分布筋均为受力钢筋，其连接、锚固等构造要求均有明确的规定，应予以严格执行。

剪力墙主要承担平行于墙面的水平荷载和竖向荷载作用，对平面外的作用抗力有限。由此分析，剪力墙的水平分布筋在竖向分布筋的外侧和内侧都是可以的。因此，"比较方便的钢筋施工位置"（由外到内）是：第一层，剪力墙水平钢筋；第二层，剪力墙的竖向钢筋和暗梁的箍筋（同层）；第三层，暗梁的水平钢筋。剪力墙的竖筋直钩位置在屋面板的上部。

地下室外墙竖向钢筋通常放在外侧，但内墙仍应放在内侧，这样施工会更方便。

147 剪力墙水平筋用不用伸至暗柱柱边（在水平方向暗柱长度远大于 l_{ae} 时）？

答：要伸至柱对边，其原因就是剪力强暗柱与墙身本身是一个共同工作的整体，不是几个构件的连接组合，暗柱不是柱，它是剪力墙的竖向加强带；暗柱与墙等厚，其刚度与墙一致。不能套用梁与柱两种不同构件的连接概念。剪力墙遇暗柱是收边而不是锚固。

端柱的情况略有不同，规范规定端柱截面尺寸需大于2倍的墙厚，刚度发生明显变化，可认为已经成为墙边缘部位的竖向刚边。如果端柱的尺寸不小于同层框架柱的尺寸，可以按锚固考虑。

148　剪力墙竖向分布钢筋和暗柱纵筋在基础内插筋有何不同？

答：要清楚剪力墙边缘构件（暗柱、端柱）的纵筋与墙身分布纵筋所担负的“任务”有重要差别。对于边缘构件纵筋的锚固要求非常高，一是要求插到基础底部，二是端头必须再加弯钩≥12d。对于墙身分布钢筋，请注意用词：“可以”直锚一个锚长，其条件是根据剪力墙的抗震等级，低抗震等级时“可以”，但高抗震等级时就要严格限制。其中的道理并不复杂。剪力墙受地震作用来回摆动时，基本上以墙肢的中线为平衡线，平衡线两侧一侧受拉一侧受压且周期性变化，拉应力或压应力值越往外越大，至边缘达最大值。边缘构件受拉时所受拉应力大于墙身，只要保证边缘构件纵筋的可靠锚固，边缘构件就不会破坏；边缘构件未受破坏，墙身不可能先于边缘构件发生破坏。

149　在非框架梁中，箍筋有加密与非加密之分吗？

答：通常所说的箍筋加密区是抗震设计的专用术语。非框架梁没有作为抗震构造要求的箍筋加密区，但均布荷载时可以设置两种不同的箍筋间距，支座端承受剪力大，要求的箍筋间距自然应较密一些。

150　为什么钢筋代换必须应办理“正式的设计变更文件”，而不能由施工方自己按等强或等面积计算自行代换？

答：《混凝土结构工程施工质量验收规范》（GB 50204）规定钢筋代换应办理设计变更文件，这是因为钢筋代换可能出现下列影响混凝土结构性能的问题：

1）直径变化以后，其保护层厚度变化，可能引起耐久性问题或裂缝宽度的变化。

2）钢筋品种、强度级别代换可能引起应力水平的变化，从而影响变形挠度和裂缝控制。

3）钢筋品种、强度级别代换可能引起钢筋延性的变化，考虑结构构件内力重分布的设计条件可能不再满足。施工单位往往并不明察设计的条件和设计意图，用所谓“等强或等面积”来验算进行钢筋代换可能出错，因此规范做出此规定，应严格遵守。

151 梁箍筋弯折的角度有何规定?

答：箍筋的功能有三：一是作为横向钢筋承担剪力，增强构件的抗剪承载力；二是抗扭（新规范将抗扭箍筋的做法与抗震箍筋的做法做了统一，即不再要求做 15d 的搭接）；三是固定纵向钢筋，使其准确定位，起到架立钢筋的作用。箍筋还有一个重要的作用常常不被重视，即围箍芯部混凝土，造成被动侧压而增强芯部混凝土的承载能力，这对改善构件的延性作用很大。

固定纵向钢筋要求箍筋弯折内径应稍大于或等于角筋半径，同时要大于或等于钢筋的最小弯折半径（与钢材的性能有关）。

152 不同直径的钢筋搭接长度和搭接区段配箍应按哪个直径计算?

答：不同直径钢筋搭接连接时，接头所需要传递的力取决于较小直径钢筋的承载力。因此，应按较细钢筋的直径计算搭接长度。

搭接区段箍筋制约搭接钢筋因传力而引起的分离趋势，因此按偏于安全的原则，取箍筋直径为不小于较粗直径钢筋的 $d/4$，而箍筋间距则相反，按偏于安全的原则取较小值，按较细钢筋的直径计算配箍间距（5d 或 10d）。

153　箍筋配置困难的梁、柱端部区域，是否可以做成组合箍，即先加工两个半圈箍筋，再在现场绑扎时组合成完整箍筋？

答：梁、柱节点的梁端、柱端，根据抗震构造要求应设置箍筋加密区，其配筋密集，施工困难，但无论如何，应保证箍筋的完整性而不能用两个半箍形成的组合箍来替代，原因如下：

1）地震作用下梁端、柱端有最大的弯矩与剪力，往往钢筋屈服而形成塑性铰并导致局部区域混凝土裂缝及碎裂，如果采用半箍组合而成的组合箍，则在地震反复荷载作用下容易胀开，使其对于芯部混凝土的约束作用大大削弱，容易引起端部混凝土压溃而破坏。

2）采用135°弯钩并有10d的余长，则箍筋围箍的约束作用得以加强，如进一步采用焊接封闭箍或连续螺旋箍，则箍筋完整性进一步提高，对芯部混凝土的围箍约束作用加强，构件的承载能力及延性将大大提高，有望在强烈地震造成构件端部混凝土破碎的情况下，依靠封闭箍筋强大的侧向围箍约束，保证构件仍具有相当的承载力而不致压溃。

3）箍筋的形式对构件的抗力有很大的影响，这是历次地震过后震害调查证明了的事实，在唐山地震后的重建过程中因为特别重视，那段时间的施工没有因此犯难的声音，怎么过了三十年后反不好施工了呢？这个问题其实很简单，你只需要在放梁筋的同时，将柱子的箍筋套上（可以将该部位的箍筋加工成焊接封闭箍），就是先放梁底筋，再套柱子箍筋，然后放梁面筋，等梁筋扎好后，再扎柱子箍筋即可。

154　配有CRB600H钢筋的普通钢筋混凝土结构工程的施工应执行什么规范？

答：应符合现行国家标准《混凝土结构工程施工规范》（GB

50666)、《砌体结构工程施工质量验收规范》(GB 50203)、行业标准《蒸压加气混凝土建筑应用技术规程》(JGJ 17)、中国工程建设协会标准《CRB600H 高延性高强钢筋应用技术规程》(CECS) 及相关地方标准的规定。

155 施工过程中应注意些什么事项?

答:应注意事项如下:

1) CRB600H 高延性高强钢筋焊接网片宜采用专业化生产的成型钢筋;当需要进行钢筋代换时,应办理设计变更文件。

2) 施工过程中应采取防止钢筋混淆、锈蚀或损伤的措施;发现钢筋脆断、焊接性能不良或力学性能显著不正常等现象时,应停止使用该批钢筋,并应对该批钢筋进行化学成分检验或其他专项检验。

3) 进场钢筋应按直径、规格分别堆放和使用,并应有明显的标志;长时间露天储存时应有防水、防潮措施。

4) 在浇筑混凝土之前,应按现行国家标准《混凝土结构工程施工规范》(GB 50666) 的规定进行钢筋隐蔽工程的验收。

156 钢筋加工时应注意些什么事项?

答:钢筋加工前应将表面清理干净,不应用有颗粒状、片状老锈或有损伤的钢筋;钢筋加工宜在常温状态下进行,加工过程中不应对钢筋进行加热;钢筋应一次弯折到位,对于弯折过度的钢筋,不得回弯。

157 CRB600H 钢筋弯折后平直段长度除应符合设计要求及现行国家标准《混凝土结构设计规范》(GB 50010) 的有关规定外,其弯折的弯弧内直径应符合什么规定?

答:(1) CRB600H 高延性高强钢筋末端可不制作弯钩。当钢筋末端需制作 90°或 135°弯折时,钢筋的弯弧内直径不应小于钢筋直径的 5 倍。

(2) 箍筋弯折半径尚不应小于纵向受力钢筋直径；箍筋弯折处纵向受力钢筋为搭接钢筋或并筋时，应按钢筋实际排布情况确定箍筋弯弧内直径。

158　箍筋、拉筋的末端除了应按设计要求做弯钩外，还应符合什么规定？

答：尚应符合的规定如下：

1) 对一般结构构件，箍筋弯钩的弯折角度不应小于 90°，弯折后平直段长度不应小于箍筋直径的 5 倍；对有抗震设防要求或设计有专门要求的结构构件，箍筋弯钩的弯折角度不应小于 135°，弯折后平直段长度不应小于箍筋直径的 10 倍和 75mm 的较大值。

2) 圆形箍筋的搭接长度不应小于其受拉锚固长度，且两末端均应做不小于 135°的弯钩，弯折后平直段长度对一般结构构件不小于箍筋直径的 5 倍，对有抗震设防要求的结构构件不应小于箍筋直径的 10 倍和 75mm 的较大值。

3) 拉筋用作梁、柱复合箍筋中单肢箍筋或梁腰筋间拉结筋时，两端弯钩的弯折角度均不应小于 135°，弯折后平直段长度应符合 1) 中对箍筋的有关规定；拉筋用作剪力墙、楼板等构件中拉结筋时，两端弯钩可采用一端 135°、另一端 90°，弯折后平直段长度不应小于拉筋直径的 5 倍。

159　CRB600H 钢筋调直宜采用什么方式？

答：机械调直对钢筋性能影响较小，有利于保证钢筋质量，控制钢筋强度，是《混凝土结构工程施工规范》(GB 50666) 推荐采用的钢筋调直方式。根据国家标准《混凝土结构工程施工质量验收规范》(GB 50204) 第 5.3.2 条的规定，钢筋调直后应进行二次检验，只有采用无延伸功能的机械设备调直钢筋可以不检。《混凝土结构工程施工规范》（GB 50666）强调，机械调直的调直设备不应具有延伸功能。无延伸功能可理解为调直机械设备的牵引力不大于钢筋的屈服力，可由施工单位检查并经监理（建设）单位确认。带肋钢筋进行机械调直时，还应注意保护钢筋横肋，以避免横肋损伤造成钢筋锚固性能降低。

160　钢筋调直后的允许偏差应为多少？

答：其允许偏差应当符合表3-1的规定。

表3-1　钢筋加工的允许偏差

项目	允许偏差（mm）
受力钢筋顺长度方向全长的净尺寸	±10
弯起钢筋的弯折位置	±20
箍筋内净尺寸	±5

161　施工中对CRB600H钢筋的接头有些什么规定？

答：钢筋接头宜设置在受力较小处；同一纵向受力钢筋不宜设置两个或两个以上接头。接头末端至钢筋弯起点的距离，不应小于钢筋直径的10倍。

162　施工构件交接处及剪力墙的钢筋时应当注意什么？

答：构件交接处的钢筋应保证主要受力构件和构件中主要受力方向的钢筋位置。框架节点处梁纵向受力钢筋宜放在柱纵向钢筋内侧；当主次梁底部标高相同时，次梁下部钢筋应放在主梁下部钢筋之上；剪力墙中水平分布钢筋宜放在外侧，并宜在墙端弯折锚固。

163　如何保证钢筋安装位置的准确？

答：钢筋安装应采用定位件固定钢筋的位置，并宜采用专用定位件。定位件应具有足够的承载力、刚度、稳定性和耐久性。定位件的数量、间距和固定方式，应能保证钢筋的位置偏差符合国家现行有关标准的规定。混凝土框架梁、柱保护层内，不宜采用金属定位件。

164 采用复合箍筋时，施工有何规定？

答：采用复合箍筋时，箍筋外围应封闭。梁类构件复合箍筋内部，宜选用奇数肢或单肢封闭箍筋；柱类构件复合箍筋内部可部分采用单肢箍筋。

165 配筋砌体工程的构造柱与墙体连接应符合哪些规定？

答：构造柱与墙体的连接应符合以下规定：

1）墙体应砌成马牙槎，马牙槎凹凸尺寸不宜小于60mm，高度不应超过300mm，马牙槎应先退后进，对称砌筑。马牙槎尺寸偏差每一构造柱不应超过2处；应先砌墙，后浇构造柱。

2）预留拉结钢筋的规格、尺寸、数量及位置应正确，拉结钢筋应不少于2根直径为5mm的钢筋。

3）施工中不得任意弯折拉结钢筋。

166 验收时应抽查钢筋的哪些指标？

答：钢筋应按国家现行有关标准的规定抽样检验屈服强度、抗拉强度、伸长率、弯曲性能及单位长度重量偏差，检验结果必须符合《冷轧带肋钢筋》（GB 13788）的规定。钢筋调直后应进行力学性能和重量偏差的检验，其强度应符合有关标准的规定。盘卷钢筋和直条钢筋调直后的断后伸长率、重量负偏差应符合表3-2的规定。

表 3-2　盘卷钢筋和直条钢筋调直后的断后伸长率、重量负偏差要求

钢筋牌号	断后伸长率 δ（%）	重量负偏差（%）
CRB600H 高延性高强钢筋	≥14	≤4

注：1. 断后伸长率 δ 的量测标距为 5 倍钢筋公称直径。
2. 重量负偏差（%）按公式（W_0-W_d）/W_0×100 计算，其中 W_0 为钢筋理论重量（kg/m），W_d 为调直后钢筋的实际中重量（kg/m）。

167　如何确定钢筋进场的检验批量？

答：钢筋进场检验的批量按下列情况进行确定：

1）对同一厂家、同一规格的钢筋，当一次进场数量大于该产品的出厂检验批量时，应划分为若干个出厂检验批，并按出厂检验的抽样方案执行；

2）对同一厂家、同一规格的钢筋，当一次进场的数量小于或等于该产品的出厂检验批量时，应作为一个检验批，并按出厂检验的抽样方案执行；

3）对不同时间进场的同批钢筋，当确有可靠依据时，可按一次进场的钢筋处理。

168　进场钢筋都应检验哪些项目？

答：进场钢筋的检验项目应包括外观质量、重量偏差、拉伸试验（量测抗拉强度和伸长率）和弯曲试验。

钢筋的外观质量应全数目测检查。钢筋表面不得有裂纹、毛刺及影响性能的锈蚀、机械损伤、外形尺寸偏差。

钢筋的拉伸试验、弯曲试验应按现行国家标准《金属材料　拉伸试验　第 1 部分：室温试验方法》（GB/T 228.1）、《金属材料　弯曲试验方法》（GB/T 232）的有关规定执行。

169　CRB600H 高强钢筋的尺寸、重量及允许偏差是多少？

答：CRB600H 高强钢筋的尺寸、重量及允许偏差见表 3-3。

表 3-3　CRB600H 钢筋尺寸、重量及允许偏差

公称直径 d（mm）	公称截面积（mm^2）	重量		横肋中点高		横肋 1/4 处高（mm）	横肋顶宽 b（mm）	横肋间距		相对肋面积 f_R
		理论重量（kg/m）	允许偏差（%）	h（mm）	允许偏差（mm）			l（mm）	允许偏差（%）	
5	19.6	0.154	±4	0.32	±0.10	0.26	～0.2d	4.0	±15	0.039
5.5	23.7	0.186		0.40		0.32		5.0		0.039
6	28.3	0.222		0.40		0.32		5.0		0.039
6.5	33.2	0.261		0.46		0.37		5.0		0.045
7	38.5	0.302		0.46		0.37		5.0		0.045
8	50.3	0.395		0.55		0.44		6.0		0.045
9	63.6	0.499		0.75		0.60		7.0		0.052
10	78.5	0.617		0.75		0.60		7.0		0.052
11	95.0	0.746		0.85		0.68		7.4		0.056
12	113.1	0.888		0.95		0.76		8.4		0.056

注：1. 横肋 1/4 处高、横肋顶宽供孔型设计用。
2. 二面钢筋允许有高度不大于 0.5h 的纵肋。
3. 用于焊接网的钢筋，可以取消纵肋。

170　钢筋安装位置的允许偏差应是多少？

答：其允许偏差应当符合表 3-4 的规定。

表 3-4　钢筋加工的允许偏差

项目			允许偏差（mm）	检验方法
绑扎钢筋网	长、宽		+10	钢尺检查
	网眼尺寸		+20	钢尺量连续三档，取最大值
绑扎钢筋骨架	长		±10	钢尺检查
	宽、高		±5	钢尺检查
受力钢筋	间距		±10	钢尺量两端、中间一点，取最大值
	排距		±5	
	保护层厚度	板、墙、壳	±3	钢尺检查
绑扎箍筋、横向钢筋间距			±5	钢尺量连续三档，取最大值

续表

项目		允许偏差（mm）	检验方法
钢筋弯起点位置		20	钢尺检查
预埋件	中心线位置	5	钢尺检查
	水平高差	±3，0	钢尺和塞尺检查

注：1. 检查预埋件中心线位置时，应沿纵、横两个方向量测，并取其中最大值。
2. 表中板类构件上部纵向受力钢筋保护层厚度的合格点率应达到90%及以上，且不得有超过表中数值1.5倍的尺寸偏差。

参考文献

《混凝土结构设计规范》GB 50203
《建筑抗震设计规范》GB 50011
《混凝土结构工程施工规范》GB 50666
《混凝土结构工程施工质量验收规范》GB 50204
《冷轧带肋钢筋混凝土结构技术规程》JGJ 95
《砌体结构设计规范》GB 50003
《砌体工程施工质量验收规范》GB 50203
《钢筋焊接网混凝土结构技术规程》JGJ 114
《高强箍筋混凝土结构技术规程》CECS 356
《高延性冷轧带肋钢筋》YB/T 4260
《金属材料　拉伸试验　第1部分：室温试验方法》GB/T 228.1
《金属材料　弯曲试验方法》GB/T 232
《金属材料　线材　反复弯曲试验方法》GB/T 238
《公路水泥混凝土路面设计规范》JTG D40
《城镇道路路面设计规范》CJJ 169
《公路钢筋混凝土及预应力混凝土桥涵设计规范》JTG D62
《城市桥梁设计规范》CJJ 11
《水工混凝土结构设计规范》SL191
《水工混凝土结构设计规范》DL/T 5057
《铁路轨道设计规范》TB 10082
《高速铁路设计规范》TB 10621
《铁路桥涵钢筋混凝土及预应力混凝土结构设计规范》TB 10002.3

《蒸压加气混凝土板》GB 15762
《蒸压加气混凝土性能试验方法》GB/T 11969
《蒸压加气混凝土板钢筋涂层防锈性能试验方法》JC/T 855
《钢筋锚固板应用技术规程》JGJ 256